有厲害！格局改造工法

旋轉角度 把家變大

林良穗——著

U0069998

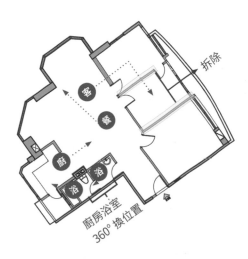

拆除

客

餐

廚

浴 浴

廚房浴室
360° 換位置

Ch 1

格局改造是為了生活更舒適

1-1 觀察！影響格局的重要原因

通風、採光、格局是決定購買房子最重要的因素

1-2 舒適的條件

分析空間組成的尺寸與隱藏原因

Ch 2

空間換位 GO ！
自轉 + 公轉的格局改造術

2-1 戶型大分析—狹長屋、方形屋
改造前必須先了解建築物的戶型特徵，才能掌握改造格局的入手關鍵，
用設計去克服建築的缺點。

注意！格局更動必學的 4 大專業知識
格局常常愈改錯愈多，尤其廚房、衛浴更是不能隨便大動；有 4 個重要的注意事項
在設計前要學清楚，這也是佈局的定海神針。

2-2 自轉 + 公轉的格局改造術

運用 90˚~360˚繞行改造戶型

2-3 一種空間 × 多種平面提案

利用自轉 + 公轉破解空間，變出 3 種以上的平面配置變化。
前窄後寬的長形屋、入口在中間的長形屋、前寬後窄的挑高長形屋、方形屋、梯形屋、

12 個真實案例 × 28 組平面變化法

平面圖是室內設計的命脈

　　我與良穗的結緣，是因為我跟她先生都是扶輪社社員而開始熟識，當時她給我的印象是這個人很熱心、真誠。後來更因為 CSID 的關係，常常不期而遇，發現她的為人跟做設計一樣，兢兢業業地在室內設計業界工作二十多年。更是台灣早期少數會做設計又會跑工地，並蹲在每個工種師傅旁邊問東問西的女性設計師，對每個經手的案子及環節都秉持著執著、用心、努力、認真，而且善於溝通，因此客戶往往給予很大的評價。重要的是，她在設計及監工過程中的記錄，更是活生生的教材，因此我常常催促她把工作心得集結成書。

　　終於，她出了第一本有關施工工法的書，我馬上推薦給崑山科技大學空間設計系畢業班的同學們人手一本，因為這是目前市面上少數針對室內裝修工程的細節及流程，以深入淺出的方式，分門別類地講述得十分詳盡，即便再小的施工過程會遇到的情況及如何解決，都可以在這裡找到。對於有心想從事室內設計的學生或新手設計師來說，是十分珍貴又務實的教科書。

　　沒想到百忙之中的她，又搶推新作，算是生產力很強的設計師，跟她的室內設計作品一樣——快速、好用又有效率。

　　平面圖，一直是空間設計的重要命脈。但可惜的是在國內的教育學系及坊間並沒有專業教授這樣一個課程，多半只有用電腦軟體拉一拉線條的簡易平面圖或用模組建構出來的精美 3D 立體空間圖，但是每每問到為何要這樣設計時，例如：客廳的電視牆與沙發的關係？廚房及浴室裡設備為何要這樣安排？是受限管路？動線？或是能大大減少使用者的清理時間？卻沒有人可以清楚傳達出來，十分可惜！

因此，我強烈推薦良穗的這本室內平面圖的練習書，藉由她在室內設計界二十多年的實際操練功力，從平面圖繪製基本功開始，如何計算合理的空間尺度及動線規劃？空間設備與家具、軟件及燈光的安排及配置？涵蓋全面問題，更重要的是窺視良穗如何思考一個空間的各種使用動線的可能性，而非單一性的填入，並透過共享空間概念的靈活應用，突破平面圖的空間限制。

　　因為，一張設計規劃得宜的平面圖，才能規劃出人性化空間及良好的動線，讓人居住起來舒適，接下來的立面發展，也才不容易有發生差異情況！！只要能學習到其中的精髓，在室內設計這門課才算是真真正正的入門了！

學歷
崑山科技大學建築環境設計碩士
成功大學企研所

經歷
中華民國室內設計裝修商業同業公會全國聯合會現任理事長
輝宣示內裝修國計興業有限公司
CSID 第 14 屆理事長
台南市室內設計裝修商業同業公會理事長
NAID 室內設計全聯會理事長

空間想像，無限！

在執行《最強裝修一流工法：設計師必學，圖面到工地之間最詳細的指導書》的過程中，腦海裡總是不斷浮現有關平面圖規劃的聲音，催促我要分享我這麼多年來為客戶們規劃的空間平配圖，無論是長型屋、方形屋或是不規則屋型等等，我們怎麼思考？怎麼配置？怎麼破除限制，為客戶找到最好的空間解決方案。

最主要的原因，在於這幾年來，我看到國內外所舉辦的空間設計獎項都沒有對「平面設計圖」的評選，只有上傳美麗空間照片而已，實在可惜。再加上，台灣室內設計專業課程教育少，使得有心從事這個行業的學生缺乏對平面圖繪製的實作經驗，以及對生活空間的實際經歷及觀察體驗過於稀少，導致在規劃平面圖時，實用性很低且錯誤率不少。因此讓我萌生想要出一本以實戰經驗的平面規劃書籍，讓許多對室內設計有興趣的學生或新生設計師有依據可以參考及學習。因為，我十分強調：沒有紮實的平面圖基礎，再怎麼美麗的空間都是一個空殼。

不同於市場上多談單一或已完工的空間配置書籍，我們這次大膽地收錄了每個案場的所有平面規劃圖，讓讀者能清楚看到整個設計的脈絡及想法，並提供想像力。同時，回到做室內設計的宗旨：「格局改造是為了創造更舒適的生活」。基於這樣的立場，我每到一個案場，除了實際丈量，掌握科學數據外，更重要的是透過觀察了解原本的室內條件，例如通風、採光、隔間等等，再吸取屋主對家庭的需求及未來的期望，以設計師的專業角度，為其創造舒適的未來生活。

雖然，對屋主來說：預算是重點，但是如果不用花太多錢，或只要可以動一個隔局就可以讓生活更美好，相信很多屋主都會接受我的提案。因此也訓練我在規劃平面圖時，會提供三個提案：一個屋主想像的空間，一個不會超過預算太多的空間提供，以及一個完全打破想像的空間規劃。甚至還有不少案子，完全打破原始空間配置，以 360。旋轉的思考角度去嘗試規劃居住者在裡面的使用、動線及視野效果。而且這樣的思考邏輯訓練久了，我甚至一進入到空間，還沒有丈量，頭腦裡就會自動跑出很多空間配置的可能，然後再一一繪製到紙上，提供居住者更多對未來生活的想像力及可行性。

　　所以，我會建議年輕的設計師們：想像力不要被現有隔間侷限，不要被預算限制，多多親身嘗試各種空間的體驗，並思考多個空間的可能性，與屋主一起選出最適合的居住環境，才是真正落實「設計」這件事！

CH1

格局改造
是為了生活更舒適

在找房子或買房子時，即便顧及了屋齡、地段、建築結構、環境機能、社區管理、採光格局、風水……等等，即使看過房子數次，真正要居住時，才會發現因應每個人對於生活需求的不同，產生使用上的困難。其實沒有一間房子能完完全全符合，多多少少要更動一下格局，才能為這個「家」帶來更舒適的生活空間。因此身為專業設計師的你，在協助屋主規劃空間格局及配置時，到底有哪些地方要注意呢？

即便方正格局或室內隔間符合屋主的想法，但眼睛看過的印象和實際開始安排家具時，絕對是天差地遠，涉及到居住者使用習慣，或多或少都會做些調整，調整的因素完全取決於「是否符合需求→再依據需求規劃後，最後才來看預算」，這是專業設計師的思考流程，與屋主多半都先考慮預算是有很大的不同點，也因此成為在提報設計圖時，必須花時間及心力溝通，並且多想幾個平面配置方案的重要原因。

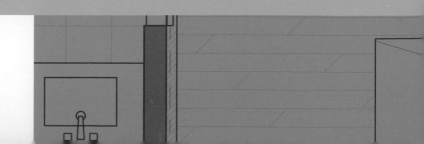

1-1 觀察！影響格局的重要原因
通風、採光、格局是決定購買房子最重要因素

影響房子格局最重要的一個因素就是住房的形狀。一般房屋無論是外牆或是內部構造的房間或客餐廳，最好的是正方無缺，因為在規劃上比較容易搭配，也不容易產生浪費空間的地方。

第一步、觀察室內條件

俗話說：「一開始就做對，可以節省不少改弦易張的時間；一開始就做對，可使行事從容有餘裕。」同樣的，在規劃格局時，一開始跟房子面對面的親密接觸——丈量，就扮演很重要的角色，這也是平面配置的正確資訊來源。

step 1. 現場丈量的關鍵動作

一進門由左下或右下角開始，以順時針或是逆時針量測，直到每個空間都各自可閉合。多半會從公共空間開始，再到各自房間做測量，最後是廚房跟衛浴，前、後陽台。

step 2. 標準標示

① 所有的切斷點、轉折點都要量測
② 門框、窗框、冷氣孔的分界點及寬度、高度要量。
③ 天花板高度及樓地板到樑的高度都要量，並實際標示出樑的走向。
④ 在圖上標示開關箱、插座開關、水龍頭開關的位置。

step 3. 特殊標示　　　　　若是中古屋或老屋，則在丈量最好標示可視的漏水、壁癌位置，是否有擺設和固定物？舊設備家具留下或捨棄？給水及排水管路是否正常？所有空間的供電是否正常？樓地板或牆面有無空心或歪斜？等等的特殊需求。

從丈量找出住宅的「比例」　　　　　單套房的房型（一房一廳）或兩房型最常見的長：寬的比例最好是方正型（1：1），或是黃金比例（東西 4：南北 6），這類型設計規劃最容易著手。

　　　　　若是長寬比例是 7：3 或 8：2 的房型，就被稱為長型屋了，在規劃上會比較花費心力。

　　　　　另外，房子的室內高度也是在規劃格局時必須留意的地方，一般房子最佳樓地板高度為 280 公分至 320 公分，若樑下低於 220 公分～ 240 公分，容易產生壓迫感。如果挑高三米六或四米二，就要考量在法規上能否做二次裝修，否則規劃完又被拆除是很不划算的事情。

協助屋主挑房子的專業技巧

　　做設計有趣的事情，就是跟屋主成為好朋友，因此當他們有機會再採購另一間房子時，便會希望透過設計師的專業，尋找「避開麻煩」的好房子，在此分享我的經驗，挑房子主要分為外在環境及內在環境：

①外在環境：與居住的生活機能大有關係，像是是否距離捷運遠近、附近有無明星學區、公園綠地、生活機能好不好；其次就是要避開高壓電、變電箱、廟宇、垃圾場、基地台、殯儀館等嫌惡設施，向銀行貸款時也比較容易。

②內在環境：又分為社區環境及室內空間兩部分，社區環境部分主要指該棟社區大樓的內部情況，像是公設比高不高、公設使用情況是否良好、有無定期維修、樓梯及電梯乾淨與否、一層戶數多寡、挑高等。

　　至於室內環境方位朝南為佳，通風與採光、與隔壁棟距有沒有一定的距離、樑柱位置、視野情況、好的朝向和視野等等。

③取得原始平面圖：現場丈量前最好先取得原始平面圖，建設公司、管委會都可以提供本項，就可以利用這張圖作測量工作。現場丈量時最好屋主能在現場陪同，在丈量的同時可以跟屋主多談談對空間及未來生活的想像，有助於在做平面配置時的創意發想。

第二步：整理使用需求 ·····

原始平面圖成形後，接下來是依照屋主提供的需求來規劃空間。

屋主需求　　　　　　　空間格局的規劃會跟家庭成員人口及居住習慣息息相關，常聽到的就是 3 房 2 廳，若是單身或小家庭隔間可以減少，有長者或小孩可特別規劃孝親房和小孩房，或是寵物的活動空間都可考量進去。

或是針對居住習慣，例如喜歡跟朋友一起在家裡聚會，要較大的公領域容納賓客？有特殊嗜好的空間規劃，如閱讀或品酒？格局動線是否流暢？習慣收藏鞋子、包包或擁有大量衣物？然後依照各個空間一一列出所需的機能和設計，讓家更符合實際的居住需求。

專業設計師應該設計一個簡單的屋主需求表，在與屋主就原始平面圖溝通時，可以一一填入，以方便在未來規劃平面配置圖時參考有依據。

項目	需求
◆家庭成員	□單身—1 人，公私領域開放或封閉 □新婚—2 人，公私領域開放或封閉 □小家庭—○3 人 ○4 人 ○5 人 （小孩為__人，男生或女生，分別為 ○嬰幼童 ○兒童 ○青少年○青年） □三代同堂—祖父母健康狀況須傭人照顧與否，無障礙空間設計 □預計未來 5 年內是否成員變化：

項目	需求
◆居住習慣 (依空間分類)	
玄關	○衣帽間 ○鞋櫃 ○穿鞋椅 ○全身鏡 ○抽屜櫃 ○藏品展示 ○隔屏
客廳 □開放式設計 □半開放式設計	○最多容納人數 ___ 人 ○視聽設備 ○影音機櫃 ○日常收納 ○吧檯 ○藏品陳示
餐廳 □開放式設計 □半開放式設計	○最多容納人數 ___ 人 ○中島 ○餐邊櫃 ○電器櫃 ○茶水櫃 ○餐具櫃 ○零食櫃 ○吧檯 ○藏品陳示 ○冰箱
廚房 □密閉式設計 □開放式設計 □半開放式設計	形式：○中島吧檯 ○一字型廚具 ○L字型廚具 ○U字型廚具 ○ㄇ字型廚具 下廚頻率：○輕食區 ○熱炒區 設備：○電器櫃 ○茶水櫃 ○餐瓷碗筷 ○鍋具 ○調味品 ○料理用具 ○清潔用品 ○零食櫃 ○冰箱
臥室 □主臥 □小孩房	○衣物量 ○化妝台 ○更衣室 ○展示空間 ○視聽設備：電視 ○書籍雜誌 ○書桌 ○書房 ○衛浴 ○其他收納：
孝親房	○書籍雜誌 ○藏品展示 ○視聽設備 ○收納量體 ○書桌 ○衛浴 ○衣物量
書房 □密閉式設計 □開放式設計 □半開放式設計	○多功能設計 ○書籍雜誌 ○視聽設備 ○電腦網路 ○收納量體 ○藏品陳示 ○開放式設計
衛浴	○乾溼分離 ○泡澡浴缸 ○清潔用品 ○換洗衣物 ○洗衣曬衣 ○化妝鏡 ○吹風機、除霧鏡等插頭 ○儲藏間 ○雜物收納盒 ○五合一多功能浴室暖風機
其他	

1-2 舒適的條件
分析空間組成的尺寸與隱藏原因

為什麼有的房子一進去就感覺很舒服？為什麼有些房子進去待不到一分鐘就想走？答案很簡單，就是「比例不對」的問題！

空間感 VS 舒適性

在確認採光及通風後，就是格局的規劃。而格局，就是一連串數字組成適合這個居住者空間的尺度，「舒適感」就會由然而生。

人的尺寸

當然，這個尺寸的前提仍是要以居住者的身材為準，以台灣目前男女平均身高為男 174.5 公分，女 161.5 公分，所以，在規劃空間平面配置時要掌握好尺寸，才能規劃出讓人滿意的空間感。

（真實數據仍是要依居住者的實際高度及身材為定，以上所提供為參考值哦！）

客廳的組成條件

　　到底要多少長度乘以多少寬度的客廳面積才會舒適？其實並沒有準則，以我的習慣會先拆解空間裡的元素，例如以客廳來說，一般居家配置會有沙發、放置電視的電視牆、（是否需要茶几？），在扣除應有的家具外，合理動線（例如行徑寬度最好在 90 公分左右後，含行走及蹲下開電視收納櫃抽屜），可以發現一般客廳最好在寬度不要小於 300 公分比較適合。

坪數應該超過 3 坪

　　以屋高平均在 3 米高度的建築中，客廳深度最好超過 3 米，電視牆面寬度在 3 米 2 ～ 3 米 3/4 米～ 4.5 米；除非是更小坪數，深度才會安排在 2 米 7 左右，也就是說，客廳面積最好超過 3 坪以上，若低於這些情況是不舒服的。

　　當然，還是要看整體空間比例，基本上公共空間比私密空間比應為 1：1 最佳。

沙發長度：牆面 = 3:4

　　公共空間裡的沙發，不只擔任生活重心，也有定位空間的功能，因此在規劃全新布局時，「定位客廳」是開始的第一步，而沙發尺寸就是決定落點是哪個方向的要素。單人、雙人及三人，長度分為 100、180、240 公分，深度多為 80 ～ 90 公分，想要讓客廳看起來很舒適，建議沙發寬度與沙發背牆最好呈現 3：4 比例才不會太過擁擠。

　　另外，茶几到沙發間建議最好留出 30 ～ 40 公分的通道，才不會讓空間顯得侷促，或走路時容易撞到。沙發靠背高度最好在 80 ～ 95 公分，才可以將頭完全放在靠背上，讓頸部得到充分放鬆。

電視櫃長度：電視長度 = 3:2

　　薄型液晶電視解決了電視櫃的深度問題，所以下一個絕對關鍵在主要在電視機的尺寸及高度，建議先量出沙發與電視牆距離，再來挑選電視尺寸，才能看到最佳畫質。

計算方式

電視觀賞距離（公分）÷2.5 倍（得出電視對角線）÷2.54（將公分換算為寸）＝適合選購的電視寸數

例如沙發到電視距離為 350 公分 → 350÷2.5÷2.54 ＝ 55.12，可得知最適合的電視尺寸為 55 寸，可作為選購電視的參考值。

在高度方面，一般人坐沙發的視線高度約 75 ～ 90 公分，建議以此高度向下約 45 度角，即電視的高度中心點，若為壁掛式，電視底部離地距離建議：60 吋為 36 ～ 66 公分、50 吋 44 ～ 74 公分、42 吋為 42.5 ～ 72.5 公分。

當電視機定位後，在視覺上，電視櫃要比電視長三分之二為宜。若是要做成一體成形的電視櫃牆，建議下櫃體深度至少保持 50 公分放置視聽機座，上櫃則可視需求規劃，如擺放 CD 或書籍最少 30 ～ 40 公分以上。

通道

並沒有強制規定要留多寬的行進動線，不過以電視櫃的設計規劃，不但要能走動外，還有能蹲下操作機櫃或設定等動作，建議最好留出從茶几至電視櫃最短距離要超過 90~120 公分以上的動線較佳。

· 沙發到茶几通道：30 ～ 40 公分。

· 茶几大小及高度：茶几必須視沙發大小而定，但建議不要選太大，才留出空地活動，但是高度一定要足夠到 40 ～ 45 公分，這樣即便坐著的時候，也能很方便地取到桌上的東西。

· 掛畫比例：可按黃金比例算，牆面高度和寬度各乘以 0.618 來，算出裝飾畫尺寸。

· 電視櫃屏風尺寸：若是客廳透過電視櫃與其他空間採開放式設計，則電視櫃體的高度，建議應超過 150 公分為佳，櫃體深度則必須視使用機型而定，不宜超過 50 公分，至於長度則必須視空間比例而定。

· 客廳臥榻尺寸：依人體工學，建議座椅高度 40 ～ 45 公分，深度為 50 公分 (或依需求決定)，如果空間許可，還可以加大到 90 公分，充當臨時床。臥榻下方還可設計收納櫃。

餐廳的組成條件

都會住家空間有限，餐廳與客廳多半規劃為開放空間，僅以家具或屏風區隔，甚至有的空間僅運用廚房與客廳中間設計中島來取代餐廳空間，因此要列出餐廳實際空間尺寸只能就「機能」做逐步推算。

餐廳坪數

若以容納 4 人的長桌來計算，餐廳最少要超過 1 坪以上較適合。但實際情況，餐廳不單單只有餐桌椅，還包括餐廚櫃，因此坪數也往往大於 1 坪以上。

餐桌與使用人數

要談餐廳的舒適尺寸，建議從餐桌先下手。

餐桌最小寬度應為 75 ～ 106 公分，而一人最小用餐寬度為 61 公分，最佳用餐寬度為 76 公分。

· 餐桌的大小必須視在家用餐人數而定，目前以 4 人及 6 人佔大多數，以 4 人長桌的尺寸 (寬)80 ～ 90X(長)120 ～ 150 公分左右，6 人桌則 (寬)80 ～ 90 公分 X(長)150 ～ 180 公分左右，圓桌則以直徑計算，視大小從 50 ～ 180 公分 (10 人桌) 都有。

· 高度則多半以 75 ～ 79 公分左右。但由於現代人多以輕食或西方料理方式為主，或是家中有學齡前兒童，因此在設計餐桌時可能會再低矮一點，大約介在 68 ～ 72 公分。

如果家裡人口不多，可以選購可以伸縮的餐桌，平時占面積很少，朋友來時再打開，非常實用。

餐椅高度

受到各式風格影響，餐椅的形式在這幾年更是變化很多，除了一般高椅背的餐椅外，還流行長板凳形式，但無論是什麼形式，椅子高度在 45 公分左右，寬度應介於 42 ～ 46 公分、椅背深度約寬度應介於 45 ～ 61 公分、公分最適東方人的人體工學。深度則建議在 45 ～ 50 公分之間。此外，選購餐椅時，也應一同考慮餐桌與椅面之間的落差，最適當的高度建議為 19 公分。

| 座位後的空間 | 餐桌與牆之間的距離，建議至少在 70 ～ 80 公分以上，保留人可以拉出餐椅、入坐的最小寬度。但若是通往廚房或客廳等主要通道，建議還是留出 120 ～ 130 公分以上比較舒適且安全。 |

其他

· 餐櫥櫃尺寸：考量各種電器設備，建議櫃體深度大約 45 ～ 60 公分深才能符合需求，而且考量櫥櫃門片開啟的寬度，有櫥櫃的走道深度最好超過 120 公分以上為佳。

· 吊燈和桌面距離：最佳距離是 75 ～ 85cm。這樣的距離才能使桌面得到完整、均勻的光照效果，而且也不會使空間感覺壓抑。

廚房的組成條件

　　由於現在人用餐習慣漸漸改變，密閉式廚房設計愈來愈少了，大部分都會將餐廳及廚房結合在一起，讓使用空間更具彈性。想要粗估廚房適合的大小，主要看二個地方：爐具、流理台及水槽的位置安排，另一個重點是冰箱位置。

廚房總坪數

　　可依照空間條件與烹調習慣考量使用流程，來決定使用者適合的廚房型式。基本上，一字型廚房，適合 1 ～ 2 坪狹長型空間，具有簡單動線規劃的優點。若在 2 坪以上，則可以設計的廚房形式更多，有長形雙壁面空間及 L 字型廚具，增加料理工作流暢與儲物空間。

　　U 字型及中島型廚房，則建議超過 5 坪以上開放式空間，同時擁有廚房與吧台的完美機能。

流理台尺寸　　　　到水槽或爐具的工作區寬度最少也要有 101 公分，深度 60 公分，流理台高度：80 ～ 90 公分 (依身高而定)，才方便擺放洗好的食材、切菜的砧板及切好準備下鍋的材料等。

> 80 ～ 85 公分適合 150 ～ 160 公分身高的人
> 90 公分適合 170 公分以上的人

　　　　水槽旁的檯面，最常被作為碗盤瀝乾區，所以至少要能容納碗盤架，以便擺放洗好的碗盤，至少要有 40 ～ 60 公分的情況下，流理臺比例要有 80 ～ 90 公分。

水槽 + 爐具 + 冰箱

①不鏽鋼水槽尺寸大概為 60×45 公分，50×40 公分是比較常見的最小不鏽鋼水槽尺寸，而且不鏽鋼水槽價格則根據尺寸大小而定的。根據自己的生活習慣以及所預留的廚房檯面大小來看選擇單槽、雙槽，常用的水槽尺寸大概有 80．45 公分、92×46 公分、80×46 公分、97×48 公分、103×50 公分、81×47 公分、88×48 公分等等。

②瓦斯爐寬度一般約 70 ～ 80 公分，抽油煙機寬度則為 60 ～ 90 公分，在配置上會以「抽油煙機大於瓦斯爐」為原則，例如 80 公分的瓦斯爐配 90 公分的抽油煙機。瓦斯爐距離抽油煙機的高度，必須考量抽油煙機的吸力強弱，一般來說至少要有約 65 ～ 70 公分的距離，越高吸油力越差。

③冰箱的位置：我十分重視冰箱的位置，一般冰箱尺寸跟容量有關，以一般四口之家的冰箱以 400L ～ 500L 為主，常見尺寸約為高度 180 公分、寬度為 60 至 69 公分、深度為 65 公分至 71 公分，通常都安裝在廚房附近。我會以靠近水槽為主，方便從冰箱取出食材後直接清洗。要特別注意的是冰箱的開門方向，應該以不擋住動線為重，舉例來說，水槽若在冰箱的左側，冰箱則選右開門，而不宜選左開門，造成拿取食材後還要先關上門，才能把食物放到檯面上。至於冰箱前面的工作區：91 公分為佳。

電器櫃尺寸　　　　　　　　一般電鍋的高度多為 20 ～ 25 公分，深度為 25 公分左右；而微波爐和小烤箱的體積較大，高度約在 22 ～ 30 公分，深度約 40 公分，寬度則在 22 ～ 30 公分不等。同時需考量後方有散熱空間，因此櫃體深度必須注意至少有 45 公分為佳。用電的小家電高度則建議以不超過肩膀為佳，以免造成拿取時的危險性。

動線尺寸　　　　　　　　無論是一字型廚房或中島型廚房，廚具走道的寬度 90 ～ 130 公分左右、能提供兩人同時使用為佳。

臥室的組成條件

　　床是臥室配置的重點，有時受到風水問題限制，例如床不能被壓樑、對窗及門等，必須做調整，其他項目的配置還算十分單純：書桌（或化妝檯）及衣櫃為主，不過也有一些數據尺寸必須了解。

臥室坪數　　　　　　　　以一般空間配置，最適居住的房間坪數，最小 2 ～ 3 坪左右，如此一來才放得下單人床；若以含有衛浴的主臥來說，最適合的坪數以 5 ～ 6 坪為佳，雙人床才方便配置。若小於 2 坪的房間，建議可以改為架高臥榻設計取代床組。

床的尺寸　　　　　　　　除非是空間真的太小，床組才用訂製的方式處理，否則大部分以標準市售床組尺寸。但不管是哪一種床組，記得床的邊緣至衣櫃或是走道的寬度建議要留出大約 90 公分左右，衣櫃的門才能完全打開，方便取物。

台灣最常見 5 種床墊尺寸，俗稱（台規）	床墊的寬 x 長（尺）	床墊的寬 x 長(公分)
3 尺 （傳統的單人床，目前已較少此尺寸）	3 尺 x 6.2 尺	91 公分 x 188 公分
3.5 尺 （標準單人床，現在的單人床幾乎都是這種尺寸）	3.5 尺 x 6.2 尺	106 公分 x 188 公分
5 尺 （標準雙人床）	5 尺 x 6.2 尺	152 公分 x 188 公分
6 尺 （加大雙人床，稱為 Queen size)	6 尺 x 6.2 尺	182 公分 x 188 公分
7 尺 （特大雙人床，稱為 King size)	6 尺 x 7 尺	182 公分 x 212 公分

梳妝台或書桌尺寸

理想的化妝台（或書桌）長度約為 80 公分～ 130 公分左右，而寬度或深度則以 40 公分為佳。不過實際的化妝台（或書桌）尺寸還是應該依照使用者的個人需要為主要設計考量。如果想要在化妝台（或書桌）加設抽屜或者推拉收納架的話，那麼桌子就不能太淺，深度應該至少有 40 ～ 45 公分左右。至於高度為 72 ～ 75 公分為佳，要視使用者身高決定。

衣櫥高度

衣櫃的長度要視空間而定，但深度大約 50 ～ 60 公分為主，而且國人喜歡大收納機能，因此頂天立地的衣櫃不僅時下流行，而且非常實用。按照 270 公分的平均層高計算，240公分的衣櫃高度為最佳。這個尺寸考慮到衣櫃里不僅能放一些長尺寸的衣物（160 公分），並且在上部留出放換季衣物的空間（80 公分）。

浴室的組成條件

　　浴室空間可以說最被忽略，但又必要空間，細數衛浴空間必要設備為馬桶、淋浴間及洗臉槽，其他就必須視實際大小才能確認是否能設計進去。

浴室總面積　　　　　　　　　浴室至少是 180×180 或 150×210 公分才能放得下所有衛浴設備

- ・馬桶最少尺寸：37 公分 ×75 公分 (小便盆則為 35×60 公分)

- ・淋浴間的面積：230 公分 ×80 公分

- ・洗臉盆 55×41(公分)，但實際上，這兩個尺寸的面積都是非常接近。

浴缸尺寸　　　　　　　　　　現代空間多半採乾溼分離的衛浴設備來規劃，因此如果要再規劃浴缸的泡澡區，以目前現有的浴缸尺寸：一般有三種 122、152、168 公分；寬 72 公分，高 45 公分，則空間最少要有 1.5 坪以上。

衛浴動線寬度　　　　　　　　衛浴間有兩個門：一個是進出衛浴間的門，一個是進出淋浴間的門，因此在規劃上，衛生間門的尺寸一般是 200×85 公分，寬最小不小於 75 公分。如果門寬小於 70 公分進出就很困難了，小於 60 公分的話，連浴室櫃都進不去了。如果設計的是單側的拉門，則最少要有 65 公分。另外，如果考量未來有無障礙的需求，則建議門最好還是留有 90 公分以上，輪椅才能進出方便。

CH2

格局改造 GO ！
自轉＋公轉的格局改造術

　　哪些戶型必須靠「拆除」來調整格局？哪些戶型屋況只要靠「修飾」就可以形成最完整大氣的格局？其實，秘密全都藏在四大細節中，只要了解了各個空間應該有的生活尺度，並掌握建築與人性需求的原則，就能創造出合宜的空間感，滿足實際使用。

　　在本書中所討論的改造，是以「業主需求」為導向的設計規劃，加上預算上的考量，一個空間格局是否需要更動？是大更動或是只改一個牆即可？改造後會不會造成未來工程的隱患？看懂了關鍵改造格局輕而易舉。

2-1
戶型大分析

改造前必須先了解建築物的戶型特徵,才能掌握改造格局的入手關鍵,用設計去克服建築的缺點。

建築的內部邏輯

　　翻開每個案子的格局平面圖,初步一看,每個空間都不一樣,但若仔細去分析,很多集合住宅建築的平面配置法則都大同小異,只是尺寸和空間排列細節有些許差異,因為建築物各有其年代的特徵,很容易總整理出邏輯。

觀察特性　　　　　設計師最終的目的是要克服、並滿足屋主的需求,先要觀察建築內部的優點和缺點,例如,公共空間是連接在一起還是分開的?私密空間排列造成長走道還是以餐廳為交會中心?廚房靠近哪裡?衛浴與臥室之間的關係是甚麼?如何區分哪一間適合當作主臥或客臥?書房或彈性空間能夠替空間增加多少優勢?

　　把資訊收集完成後,接下來就進入常見的戶型的介紹。

狹長型

採光和通風的順暢度是決定新布局是否高明的第一原因。

此類型建築物大多是超過30年以上的住宅，採取的是「連棟」的建造方式，真正的採光面只有前後兩端的陽台，有些建築設有天井，才有機會多一點採光面。

狹長屋的結構大致可分成兩種：

① 大門開在建築物的最前端，動線是從前端陽台進入室內。

② 大門開設在住宅的中段，通常內部有天井或是設有電梯。

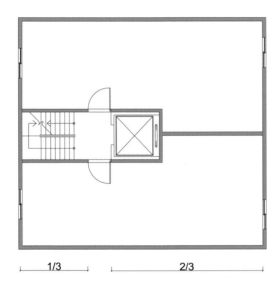

| 1/3 | 2/3 |

有天井或電梯，大門開在建築中段

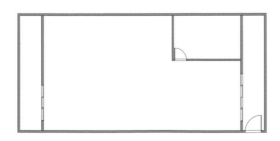

大門開在最前段，由陽台進入室內

偏正方型

因為只有兩個採光面，餐廳、廚房都常變成位在門口，違反餐廳應該藏在內部的傳統道理，這是因為近代的住宅，電梯與樓梯並存已經是必要設施，加上建築工法改變與坪數縮減，建築物可能採四拼或是六拼的蓋法，整個屋型比較偏方形。

此類型住宅會有的特徵是：

① 至少會分成前後棟，一組向馬路、一組向後院。

② 略小的坪數大都是兩房兩廳，構成的戶數愈多，採光面就愈少，通常也僅有兩面採光。

③ 更小坪數的建築常只有一面採光，甚至唯一的採光面都不在客廳。

④ 與鄰棟的棟距非常接近，有時令窗戶也沒有日光。

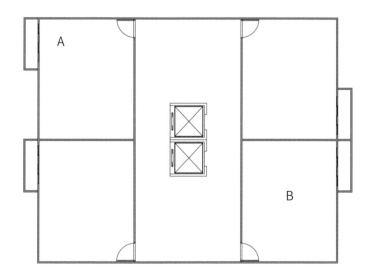

一進門都是餐廳，廚房在旁邊，幾乎可說是並排在玄關邊。大門開在最邊緣，不會開在中間，A 客廳會鄰近陽台，B 客廳會在中間，(建築切割了太多戶數)，唯一的陽台必須兼具功能—晒衣區，不會奢侈到把陽台當作客廳的景觀區。

注意！
格局更動必學的 4 大專業知識

格局常常愈改錯愈多，尤其廚房衛浴更是不能隨便大動，在更動前有 4 個重要的注意事項在設計前要學清楚，這也是佈局的定海神針。

家庭需求導向的改造

平面配置絕對是舒適住宅的靈魂、是所有設計師的第一課，年輕設計師格局改的不理想的原因大都是看得不夠多、對空間感的熟悉度不夠、對客戶了解不夠；絕大部分設計師所面對的消費者，都是以生活需求為主要導向的家庭，我們必須認知這些家庭的特徵是「活的」－－因為人口數會變動、生活會一直累積物件等等。

專業(1)成員 vs 隔間需求

「結合生活情況」來做設計是基本要求，但是擁有舒適的空間感，以及釐清牆面的意義是很重要的，牆面不只是區隔，很多設計師不知道牆面還會引導通風的方向，所以隔間不只是「隔」，更是「推、引」。

接下的需求是「收納」，在計畫收納櫥櫃之前，要先確定的是家具的整體分布，不能東一件西一件。

最後是坪數與需求互相關聯的因素，並非所有 3 房 2 廳的制式格局都符合需求，例如：2 口之家用 4 房格局就太多，但 4 口之家買到 2 房的格局就不夠了；一家 5 個人就可能必須要有 4 房的需求。若是才 20 坪的房子硬是要隔出 4 房也有困難，而且居住起來也不舒服。

Ⅰ.請參照 PART A 的空間的生活極限值

Ⅱ.房間從「少變多」，就要利用牆

我會採取中間拆牆、變雙面衣櫃的方式，還有利用櫃門開的位置、高度，這都是面臨一大間要變成兩房，錯開互相借用正反面的方法。

建築物的限制

受限於建築法規，大門和廚房、衛浴不能隨意更動，大門除非是經過申請複雜的建築申請，廚房、衛浴是要避免日後漏水的疑慮。

專業(2)大門的位置　　　　也就是說，大門的位置這個不可變更的因素，已經限制格局變動的第一步了。

大門是入口也是起始點，會影響整個建築領域的平衡感，更是決定機能好不好用的第一印象。如果設計的好，還會產生延伸感。不管是門開在最前端或是中間段，首先受影響的是客廳的地位，例如：

Ⅰ.大門開在前端、從陽台進入室內的長型屋

因為動線幾乎限定了，客廳和前端的臥室幾乎是固定位置的，能更動的區域不多。

Ⅱ.大門從中段進入的長型屋

可能會有天井，樓梯位在前面，也可以說是現在的雙併，大門位置大約將建築等分成前後各 1/2，客廳可能會位在比較靠中間的位置，最明顯的缺點是難設置獨立玄關區。

Ⅲ.有電梯的長形屋，門也是從中段進入

這類住宅大門開在中段、偏靠前端，大約在建築物的 1/3 處，常常會造成客廳的主牆都有太短的缺點。

Ⅳ.方形的房子大門都開在邊緣

大都只有兩面採光，因為採光面一定要給客廳，所以一進門就是餐廳或是緊鄰廚房；而只有一面採光的長方形住宅小坪數，大門開在短邊的邊緣或中段，一進門就面對「左廁所、右廚房」（小流理台）。

請先觀察住宅是否有以下的情況（Ⅰ）：

☐大門位在整個空間的前端、側邊或中間位置？ ☐是否會經過陽台或其他空間？

☐大門進出方式是否有轉折？ ☐整個空間格局是否被大門切割成東西兩側的公私領域？

專業(3)廚房及衛浴　　愈接近用水處，就要同時考慮家務動線與排水的物理限制，因此廚房與衛浴更動是有移動距離的極限，專業能力不足的「亂改」，埋藏漏水的潛在危機。

　　集合式住宅管道間都會集中在一處，並依此規劃用水較多的廚房及衛浴，一整棟樓的廚房及衛浴都在同一處，若是隨意更動，串聯樓上、樓下的水管管線容易發生漏水等問題。因此，除非影響到生活動線及居家安全，有經驗的設計師多半對廚房及衛浴更動都很謹慎，也會考慮工法的限制：

Ⅰ.沒有管道間的衛浴移動方式

　　老式築物沒有管道間，糞管被埋設在牆壁內，所以有兩種移動方式：

① 最遠可以平移 90 公分，是新衛浴區墊高地面的洩水坡度的極限。

② 往側邊斜移 45°，因為排水管不能作成直角彎，會堵住。

Ⅱ.有管道間的衛浴

　　管道間本身是不能動的，頂多就是將衛浴移位、或是轉向，但一定要位在管道間的區域內 (90 公分內)，如果脫離管道間，施工時既要墊高地坪又要打地排，就是不理想的規劃與雙重花費，未來還容易發生排水不順、積水，最後造成漏水。

請先觀察住宅是否有以下的情況 (Ⅱ)：

☐要在哪面牆開洞？
☐用開氣窗或是玻璃磚？
☐要考慮該建築位在東北風或西南風等方向

☐設備：使用全熱交換機解決
☐房門要選「錯開」或「借風」的通風手法

III . 大樓通風設備

通風系統附近也不能亂改，因為樓上樓下的氣味可是會跑到室內的。

IV . 廚房移動

給排水一定藏在牆內、油煙排放則要對外，所以設計廚房的位置，也要觀察廚房的方位與季節風向，錯誤的位置會因為風壓過大把油煙往室內推回來。

V . 生活風水

把房間改到廚房、廁所的位置，等於「睡在人家火爐上」，或是睡在人家的廁所下方，潛藏生活風水的禁忌。

專業(4)採光和通風　　　　對的採光會使房子看起來寬敞也是設計師應該運用的技巧。想要居住得舒服，最好每個空間都有獨立的對外窗，讓房子保持良好的通風及採光，因此在規劃格局時，採光及通風的第一要件就是：客廳一定要臨近陽台，其次才考慮房間的開口與通風；假如有一間房間是暗房，首要考慮從哪邊進光和借風，而不是先考慮櫥櫃收納的位置，甚至我還會以中間鏤空的櫃體做隔間來解決通風效能，否則收納再多，也只是多一間潮濕的房間，

2-2 自轉 + 公轉的格局改造術
運用 90°~360°繞行改造戶型

為什麼提案時能想出 2-3 個以上格局不同的設計？改造的變動當然和預算有關，決定大改還是小改，就是決定要將整個空間調整還是單一空間旋轉，也可以說是把需求當「積木」看，順著走走看。

從「小自轉」到「大公轉」

以業主能接受的變動與預算做「不動格局、少動格局、大動格局」三種方向思考，在建築內進行「大公轉」（整體旋轉）以及「小自轉」（單位空間內旋轉），甚至兩種方法會同時運用，走一圈就可以找出多的可能性。

客廳先定位　　**客廳是主角，依著陽台走**

客廳一定要大，並遵循「明廳暗房的觀念、靠陽台近一點」，在這樣的基準下去想。客廳定位好，接下來就可以考慮第二重要性是餐廳或是臥室了。

業主需求　　**可以觸發對格局的想像力**

業主常常講不清楚需求，例如業主說要「渡假感」，其中都藏有不同的涵義：有人不用太多衣櫥，有人需要大廚房招待客人，設計師本來就要多方推想各種不同的生活細節，

平面配置就是根據想像目標推測出來，例如：想出一個有中島檯面的廚房，就需要相鄰房間退後讓出一點面積，或是書房比餐餐廳重要，那就要鄰近客廳，因此發生房間形狀重組的無窮可能性。

符合風水的基本安排　　　但是也有和預算沒有關係的規劃，就是屬於設計師的專業程度，例如，「明廳暗房」、「不要睡在火爐上」、「開門不要見馬桶」、「穿堂煞」或「穿心煞」等。

　　　如果將每個空間都當作積木來看，平面配置就是多種「重組」的過程，但重組不等於大量拆除，而是在其所在位置多設想各種可能性。

　　大門從陽台進入此類屋型，是最容易修改的格局，因為動線走向幾乎固定了，能更動的區域不多。

☐將外陽台當作現代建築的「內玄關」來設計

☐客廳和前端的臥室幾乎固定

☐中間偏後是唯一能改的區域，又取決於房間數的多寡

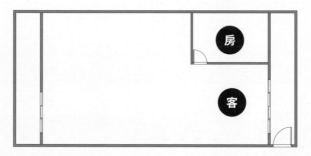

常見現況：
客廳與主臥室僅一牆之隔。

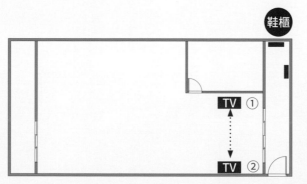

改造：
電視主牆有兩個面向可以運用，也會影響助臥室房門的設計方式。

易改屋型第二名：大門從中段 1/2 處進入的長型屋

有天井的住宅大多從中段進去的，樓梯在前面，沒有客廳主牆面不足的問題。

☐ 大門位置大約將建築等分成前後各 1/2

☐ 缺點是難設置獨立玄關區→只能做開放式

☐ 客廳可能會位在中間、沒有緊鄰陽台→有採光和通風問題

☐ 因為前段太長、比例太大，還要安排其他功能格局→前端的左右都可以出現一間
　房間，或是要留部分陽台和使用玻璃材質，產生通風的機會。

☐ 天井區還可以再利用

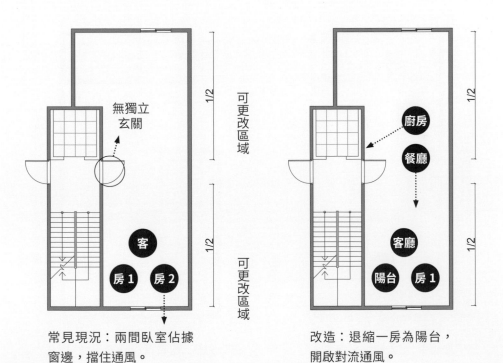

常見現況：兩間臥室佔據
窗邊，擋住通風。

改造：退縮一房為陽台，
開啟對流通風。

門從偏前段 1/3 處進入的長型屋

有電梯的長形屋，樓梯和電梯之間還會有一段比較寬的空間。

☐大門開中段、偏靠前端，大約占建築物的 1/3

☐客廳主牆太短

☐很多屋主早就將外陽台都改成室內使用

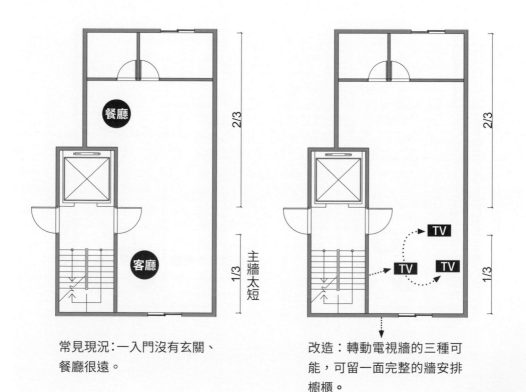

常見現況：一入門沒有玄關、餐廳很遠。

改造：轉動電視牆的三種可能，可留一面完整的牆安排櫥櫃。

兩面採光的正方形

方形的房子大部分的採光面一定是給客廳的。

☐一開門幾乎就是餐廳的位置

☐客廳旁是外陽台

☐如果是遇到客廳沒有靠近陽台，就有機會分出比較多的房間數

☐哪一種好改？→廚房在大門旁邊的類型比較好改，玄關櫃可以直接設在旁邊。

常見現況：①

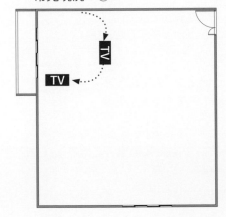

改造：電視牆有兩個方向可以
選。

常見現況：①

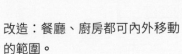

常見現
況：②

改造：餐廳、廚房都可內外移動
的範圍。

基礎練習：衛浴內的排列 ⋯⋯⋯⋯⋯⋯⋯⋯⋯⋯⋯⋯⋯⋯⋯⋯⋯⋯⋯⋯⋯⋯⋯⋯

在衛浴空間內基本只有三件物品，也都有一定的規格和比例，浴室內的設備安排邏輯有幾個簡單的原則，空間感很容易就體會出來。

門開哪邊　　　　　　　　先看門開哪邊，因為浴室的視覺觀感第一要件不要「直視馬桶」，而且不要發生門撞到馬桶的現象。

寬敞區　　　　　　　　讓一進入浴室的眼前空間面積劃出「寬敞區」，剩下的空間就可以安排三大設備。

門的關鍵　　　　　　　　浴室內有衛浴門與淋浴拉門，這兩個門反而是提供彈性變動的好工具。

先決定馬桶　　　　　　　必須先決定馬桶的位置，接著就可以安排淋浴區、最後是臉盆；當門開就見到馬桶時，通常會需要將馬桶移到旁邊，地面就必須墊高已安排洩水坡度，或是選擇改門向都可以解決。

設備排列　　　　　　　　設備的排列方式有「一字排開」，以及「對面安排」的兩種手法。

方形衛浴空間　　　　通常這種浴室都放不下浴缸。

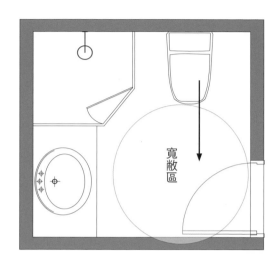

超迷你衛浴　　　　多數都是正方形，如果想要比較大的洗浴空間，外門就
要改成拉門式。

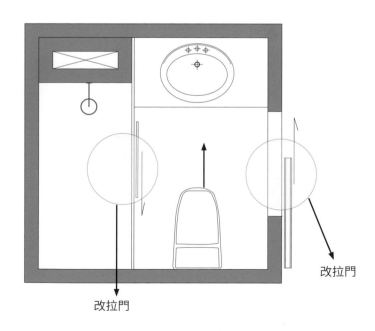

**長型衛浴 +
門開在一旁**

馬桶會放在中間，避免一開門就看見，但是切記淋浴門若是採取往內推開式的類型，千萬不能設計在中間，因為人走進去後，是需要有餘裕空間可以閃身、關上門的。

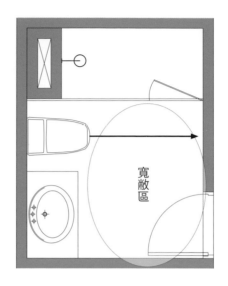

寬敞區

**不用更改的
排列法**

淋浴區門就可以開在中間，此種類型也可以換成浴缸。

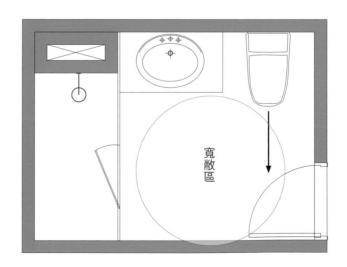

寬敞區

長形衛浴空間　　　　通常這種浴室都是放不下浴缸，只能用淋浴間，儲物櫃應該安排在擋住管道間的位置。

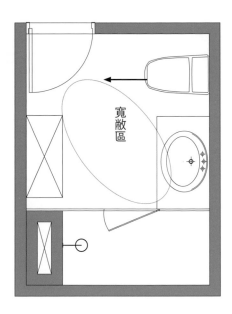

前窄後寬的長型屋戶型

🏠 **Home Data**　**屋型**｜中古屋／公寓　**坪數**｜30 坪　**居住人口**｜3 人
　　　　　　　　格局｜3 房 2 廳 1 廚 1 衛 1 陽台 → 2 房 2 廳 1 廚 2 衛 1 陽台

　　這個前窄 (僅 300 公分) 後寬 (約 550 公分) 的長型屋，大門開在最前的端正中間，是位在邊間、三邊有窗的房子，光源雖好，但原始 3 房位在中段，側面的光只能到達廊道，使得三間房均為暗房，而且廊道很長，也不利通風對流，十分可惜。再加上前為客廳，廚房和廁所都在最後面，在使用上十分不便。在向客戶提案時，確認只需 2 房，並需要多一間衛浴，所以規劃兩個平面配置：以更動格局最小作為重新配置的主軸。

建築特徵

☐門開在前端位置　　　　　　　☐房間為暗房

☐基地前窄後寬　　　　　　　　☐廁所與衛浴都在最後端

☐廊道很長　　　　　　　　　　☐廚房牆面為結構牆

☐有前院　　　　　　　　　　　☐有前後門動線出口

☐三個採光面　　　　　　　　　☐樑柱體位置與隔間不符合

解決方案 A 規劃重點

只改動後 1/2 區的廚房，換位右轉 90°

滿足最少預算花費

before **原始平面**

新建牆　不可動的牆

3 ── 廚

廚房
向前移動

浴　　浴 ········▶

1 ◀── 拆除

2

衛浴向右平移

4　新建牆

After **方案 A**

概分成 3 區段

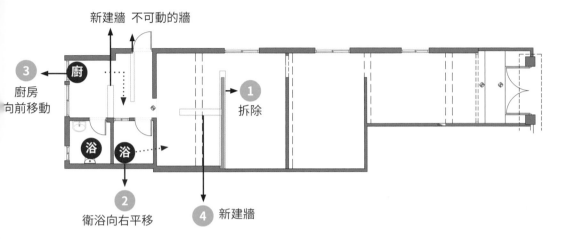

1. 只拿掉 1 間房，把空間調整給 2 間房及餐廳
2. 在主臥規劃多 1 間衛浴及小更衣間
3. 陽台庭院改用玻璃罩，讓採光進入
4. 封閉式廚房及餐廳設計

5. 陽台庭院一半架高木地板，設計成屋主想
　 要的瑜珈休憩區
6. 經由廚房及工作陽台再進入公共衛浴
7. 大門縮小，以保有居住私密性
8. 將收納集中在私密空間及玄關

解決
方案

B

規劃重點

省去走道面積，餐廳、廚房移至中段的核心配置

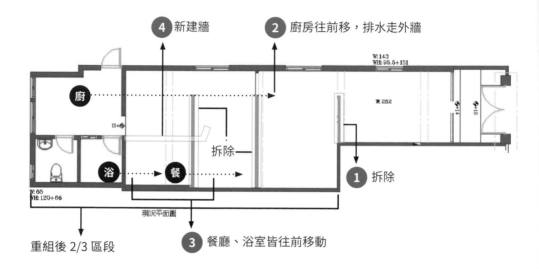

4 新建牆   2 廚房往前移，排水走外牆

廚

拆除

浴   餐

1 拆除

重組後 2/3 區段

3 餐廳、浴室皆往前移動

After 方案 B

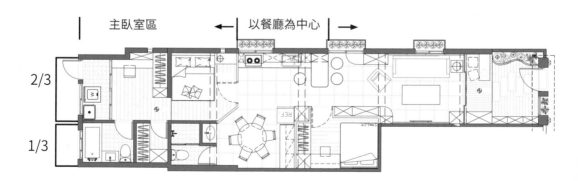

主臥室區   ← 以餐廳為中心 →

2/3

1/3

1. 將餐廳及廚房和公共衛浴移至空間中段，與客廳串聯成開放式設計
2. 將客廳退縮，並架高木地板成為屋主瑜珈休憩區
3. 陽台庭院改為玻璃採光罩，並將客廳與陽台庭院之間改為玻璃推拉門
4. 依原本結構牆水平切割，將公私的 2 間衛浴空間規劃在同一側

5. 以餐廚空間為主軸規劃一間小孩房及主臥
6. 主臥配有獨立更衣室及衛浴
7. 更改後門動線，與工作陽台串聯
8. 工作陽台與主臥更衣室以落地拉門區隔，以讓後方採光進入
9. 沿隔間牆設計雙面或多機能收納櫃體

入口在中間的長型屋

🏠 **Home Data**　**屋型**｜中古屋／公寓　**坪數**｜25坪　**居住人口**｜2人
格局｜3房2廳1廚1衛 → 2房2廳1廚2衛

　　另一種長型屋戶型為出入口在長邊的正中央，大約佔建築物的 1/2 處，這樣的格局會遇到：為符合「明廳」的傳統配置會導致客廳過大，而擠壓到其他房間配置。雖然屋內還有天井設計，但原本的配置卻被內梯上下動線佔掉了，十分可惜。如今重新規劃，拿掉內梯後，再重新將空間配置，把公共空間留在中央區域，並將天井採光引入室內，而兩側採光則規劃為私人房間，如此一來即可打造無暗房的空間規劃，為此提出兩個空間配置：方案一、採密閉式廚房，卻有 3 房 2 廳 2 衛的設計，還多一個儲藏間；方案二、則採開放式廚房，拿掉 1 房為 2 房 2 廳 2 衛設計，卻多 1 間儲藏室及 2 個陽台，以提供客戶選擇。

建築特徵

□ 門開中央位置

□ 基地是中窄兩側寬

□ 廊道很長

□ 有天井

□ 之前有一座內梯

□ 有三個採光面

□ 之前房間為暗房

□ 廁所與衛浴都在最後端

□ 廚房牆面為結構牆

□ 依天花柱體切割空間格局

解決
方案 **A** 規劃重點
三間房放前後兩端的無走道設計

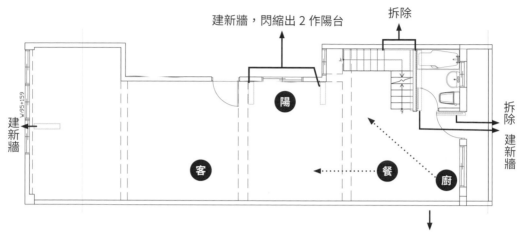

建新牆,閃縮出 2 作陽台

拆除

建新牆

w:95+159

建新牆

陽

客

餐

廚

拆除

拆除 建新牆

餐廳、廚房皆移到前面一些

After 方案A

公共區域在中間

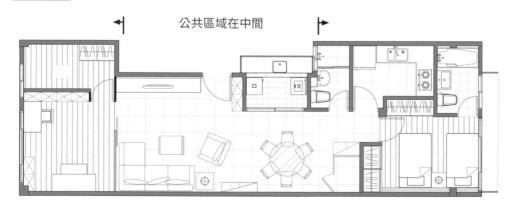

1. 在入口處設置客廳為房子先定位,不特別強調玄關

2. 以客廳為軸心,將餐廳移至中間形成開放式空間

3. 廚房略前移,拉近與餐廳距離,但採密閉式設計

4. 天井區規劃為半開放式工作陽台,玻璃落地窗讓採光進入餐廳

5. 兩間衛浴均有對外窗口,通風好且防潮溼

6. 後端採光處規劃一間有衛浴的主臥

7. 前端採光處則規劃成 2 房(書房兼佛堂及 1 間客房)

8. 書房的門採玻璃拉門讓採光進入客廳

9. 在主臥及餐廳之間規劃一儲藏間滿足收納

解決方案 B

客廳、餐廚區形成活動的黃金十字軸線，前端有陽台通風

---

before 原始平面

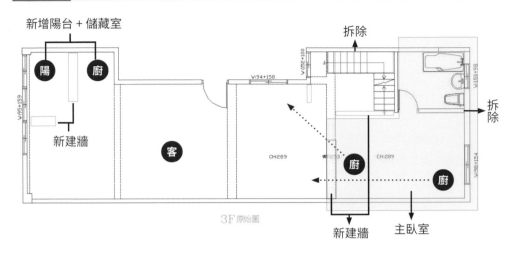

新增陽台＋儲藏室

拆除

陽　廚

W:95+159

新建牆

客

拆除

CH:289

W:94+158　W:152+100

廚　廚

CH:289

3F原始圖

新建牆　主臥室

After 方案 B

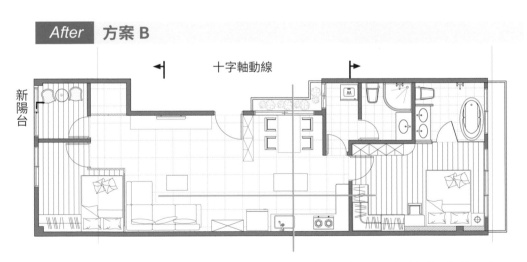

新陽台

十字軸動線

M

1. 在入口處設置客廳，為房子正中間先定位
2. 以客廳為軸心，將餐廳及廚房移至中間形成開放式空間
3. 運用鞋櫃區隔玄關及餐廳
4. 天井區規劃為開放式餐廳、中島廚房，直接讓採光進入

5. 將兩間衛浴＋工作陽台移至同側規劃
6. 後端規劃擁有大衛浴的大主臥空間
7. 前端拿掉1房規劃成1間書房兼客房
8. 前端臨窗小空間則規劃1間對外陽台及儲藏室
9. 書房及陽台門改用玻璃讓採光進入室內

前寬後窄的挑高長型屋

🏠 **Home Data** **屋型**｜中古屋／公寓　**坪數**｜20 坪　**居住人口**｜2 人
格局｜2 房 2 廳 1 廚 1.5 衛 → 2 房 2 廳 1 廚 2 衛

　　這個空間原本是位在 1 樓的 4 米 2 挑高商辦工作室，因客戶為了年邁父母出入方便，因此收回重新規劃。一樣只有前後採光，除了要有基本客餐廳及廚房外，為了照料老人家方便，因此希望能規劃 2 房 2 衛。因此空間的配置便卡在挑高樓層的樓梯位置及主臥、客廳的配置，呈現的空間氛圍及機能也會大大不同。

　　因為大門在最前端，可以用「從陽台進入的房型」思考，於是規劃一個傳統的客廳在前的空間配置平面圖及一個把主臥放在採光前端、客廳置中的空間配置，提供客戶思考及選擇。

建築特徵

□ 門開在前端位置　　　　　　　　□ 前後採光

□ 基地是前寬後窄，並有前後出入口　□ 之前房間為暗房

□ 廊道很長　　　　　　　　　　　□ 廁所與衛浴都在最後端

□ 有樓梯　　　　　　　　　　　　□ 挑高 4 米 2

解決方案 **A**　規劃重點

前客廳、後廚房的傳統配置

before　原始平面

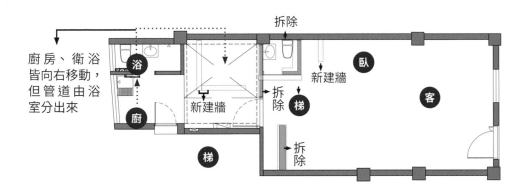

廚房、衛浴皆向右移動，但管道由浴室分出來

拆除

浴

新建牆

拆除

梯

臥

客

廚

梯

新建牆

拆除

After　方案A

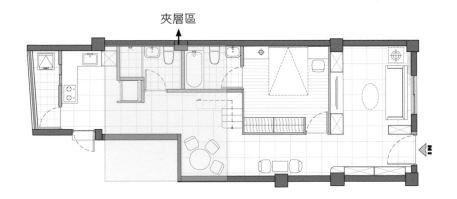

夾層區

1. 一進門為客廳，擁有獨立採光，玄關很短
2. 主臥配有一間獨立衛浴，位在房子中間，為暗房
3. 利用走道轉角規劃小餐廳
4. 樓梯位在中央位置，梯間設計收納機能

5. 兩間衛浴集中規劃與半開放廚房串聯成一線
6. 後門由廚房進出
7. 樓上為獨立一間大雅房
8. 挑高空間較不完整，但採光充足

解決方案 **B**

規劃重點

主臥搬到前端，走道變成有延伸感的玄關

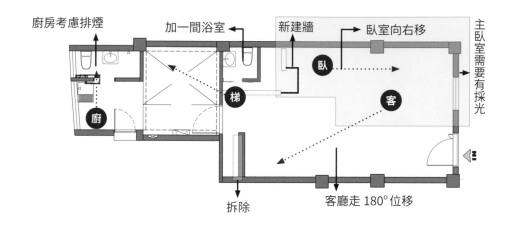

廚房考慮排煙

加一間浴室

新建牆

臥室向右移

主臥室需要有採光

拆除

客廳走 180° 位移

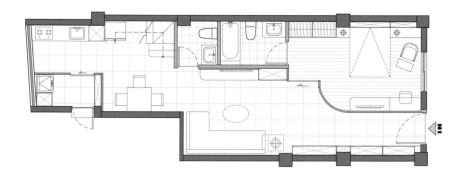

1. 將前端採光處設置獨立大主臥套房，擁有獨立衛浴

2. 玄關較長，連接至客廳

3. 客廳位在空間中央，並利用兩間衛浴牆面設計電視牆

4. 廚房大轉 90°，並與餐廳及樓梯形成一空間，且餐廳寬敞完整

5. 樓梯下方做足收納機能

6. 後門由工作陽台進出

7. 樓上為獨立 1 間小雅房

8. 挑高空間較完整，而且採光足

微動格局的方型屋戶型

🏠 **Home Data**　屋型｜中古屋／電梯大樓　坪數｜35 坪　居住人口｜4 人

格局｜4 房 2 廳 1 廚 2 衛 → 3+1 房 2 廳 1 廚 2 衛

　　現在新成屋的空間配置，大部分一入門就緊接著 1 間公共衛浴及廚房，客廳與落地窗相鄰，像本案位在電梯大樓的中古屋，雖規劃 4 房，但是一進門即是穿堂煞及廚房，還有對牆角等問題，多少令客戶十分在意，加上晒衣空間小、主臥有個畸零空間、收納不足、床頭壓樑等等，因此在不大動格局下，以餐廳、臥室的方位不同，就提出 3 個微調整的設計方案，讓客戶選擇。

建築特徵

☐門開在前側位置

☐基地呈現正方格局

☐四房且都有採光，但空間都不大

☐採光通風良好

☐公私空間界線清楚

☐通往私密空間的走道長

☐衛浴都在房子最後端

解決
方案 **A**

規劃重點

拓展玄關地坪連接餐廳，滿足接待客人、做廚藝的愛好

before 原始平面

要放風水物

After 方案A

1. 將玄關屏風後拉，讓玄關及餐廳在同一區域
2. 利用拉門設計封閉式廚房
3. 運用屏風及餐櫥櫃設計避開客廳沙發背牆的直角
4. 玄關櫃與電視牆拉在同一側整合
5. 電視主牆的柱體旁規畫室內盆栽造景
6. 書房與客廳背牆的轉角及拉門設計改為玻璃，讓光線通透

7. 書房除了書桌及書櫃外，並設計臥榻
8. 兒童房運用床頭櫃及書桌避開壓樑問題，床下做收納櫃
9. 公共衛浴規畫雙洗手槽
10. 主臥的畸零空間規劃成獨立更衣室，床尾臨窗設計五斗櫃增加收納

解決
方案 **B**

規劃重點
屏風齊整餐廳邊緣，與半開放廚房形成共感區

before 原始平面

廚具加長

客

床

After 方案 B

1. 將玄關屏風後拉，並利用衣帽櫃區隔玄關及餐廳

2. 利用兩片拉門設計半開放廚房，讓餐廚動線變寬敞

3. 加大電視櫃收納量

4. 電視櫃旁的柱體旁規畫室內盆栽造景

5. 書房靠近廊道的轉角改為玻璃，讓光線通透

6. 書房設書桌及書櫃，並設置單人休閒椅

7. 兒童房規劃串聯書桌的床組設計，搭配
   獨立衣櫃

8. 公共衛浴規畫雙洗手槽

9. 主臥的畸零空間規劃成獨立更衣室

解決
方案 **C**

規劃重點

廚房、和室門小改變，截斷走道的壓迫感

廚具加長

拆除

櫃體＋餐桌整合

餐 ••••►
拆除

床

門略往左移

After 方案 C

飛輪＋貓跳台

1. 將玄關屏風往前拉，讓玄關變小，餐廳放置在屏風後
2. 冰箱與餐櫥櫃整合在密閉式廚房外，讓廚房變大
3. 餐廳與客廳整合成一區域
4. 客廳向內移出臨窗的休閒區域，放置貓跳台及飛輪和盆栽
5. 書房設計增加成臨窗臥榻
6. 書房拉門及廊道轉角改以玻璃材質，讓光線通透

7. 2 間兒童房用臥榻設計床組，下方可收納，床頭及書桌避開壓樑
8. 用衣櫃拉齊走道入口左右兩牆的深度
9. 公共衛浴規畫單槽面盆
10. 主臥床頭右轉 90°，避開面窗問題，且收納機能更強大
11. 主臥的畸零空間規劃成獨立更衣室

三房改兩房的梯形屋戶型

🏠 Home Data

屋型│新成屋／電梯大樓　坪數│22 坪　居住人口│2 人
格局│3 房 2 廳 1 廚 2 衛 → 2 房 2 廳 1 廚 1 衛

　　以 22 坪的空間規劃成 3 房，使得每個空間都很狹小，餐廳位在房子中心、所有動線交會處，也不好使用，因此在確定客戶只需 2 房、開放式廚房，並希望能營造休閒味較濃厚的空間氛圍後，便依客戶需求規劃 3 個平面配置：一個是一進門即看見結合客廳的休息空間，僅用電視屏風區隔；另一個是將休閒區與客廳對調的配置；第三個則是著重在餐廳及主臥設計，提供客戶思考及選擇。

建築特徵

□ 門開在前側位置

□ 中間卡公衛，導致餐廳位置奇怪又尷尬

□ 除了廚房及衛浴無對外窗，所以空間都有獨立對外窗

□ 一進門有一間衛浴，主臥有一間衛浴

□ 廁所與衛浴都在同側

□ 基地是不規則梯形狀

解決
方案

A

規劃重點

只去一房，加大客廳及主臥空間

1. 一進門設計玄關，才進入休閒區
2. 拿掉一房分配給主臥及客廳
3. 休閒區用電視屏風與客廳區隔
4. 廚房設計成開放式與餐廳整合，並以吧台取代餐桌，避開餐廳面公共衛浴入口的視覺尷尬

5. 主臥運用電視屏風區隔睡眠區與更衣空間，並規劃兩進式主臥衛浴動線
6. 冰箱放餐廳

解決方案 **B**

規劃重點
半高雙功能隔屏，保持餐廳往外的美景視野

主臥室 ←

新建牆 ←

拆除

客

After 方案 B

1. 一進門設計玄關，並用屏風與客廳區隔
2. 拿掉一房設計開放休閒區域，多餘空間分配給主臥及客廳
3. 用電視屏風區隔及界定休閒區與客廳
4. 廚房設計成開放式與餐廳整合，並以吧台取代餐桌，避開餐廳面公衛入口的視覺尷尬，冰箱放餐廳

5. 主臥運用電視屏風區隔睡眠區與更衣空間，並規劃兩進式主臥衛浴動線
6. 次臥床組右轉 90°靠牆放置

規劃重點

餐桌轉向 45°，避開公共衛浴入口處

before 原始平面

主臥室

半屏玻璃

拆除

客

變拉門

After 方案 C

TV

1. 一進門設計玄關，以不同地坪區隔

2. 去掉 1 房將空間分配給客廳及主臥

3. 沿著電視牆至落地窗規劃臥榻，營造休閒氛圍

4. 主臥往前推，在主臥主牆後面規劃獨立更衣間

5. 把冰箱與開放式廚房整合

6. 運用 45°角的吧台設計定位餐廳空間，將餐廚空間變大

7. 隱藏門片設計公共衛浴門避開視覺尷尬

8. 利用次臥入口規劃電器櫃

9. 次臥架高 10 公分成和室，並改為玻璃拉門設計，搭配可收納的隱藏床組，視情況彈性使用

一道牆放大餐廚的方型屋戶型

♠ Home Data　　屋型｜中古屋／電梯大樓　坪數｜22 坪　居住人口｜3 人
格局｜3 房 2 廳 1 廚 1.5 衛 → 3 房 2 廳 1 廚 1.5 衛

　　在不動格局的情況下，的確可以大大節省預算，但相對上，更嚴格考驗設計師的設計功力。以這個案子，採光通風都算不錯，而且房間數符合客戶的需求，但是面對過小的廚房及餐廳空間不知如何處理，餐桌怎麼放都會卡住動線，因此提供二個平面配置：獨立餐廚空間規劃及半開放的餐廚空間，提供屋主選擇。

建築特徵

☐ 門開在前側位置

☐ 基地方正

☐ 獨立玄關（結構牆）

☐ 三個採光面

☐ 除了餐廚，沒有房間為暗房

☐ 廁所與衛浴都在最後端

☐ 廚房牆面為結構牆

☐ 走道上方有大樑

解決
方案 **A**

規劃重點
改變廚房門就能增設 L 型大收納

拆除 ←

放大廚房成 L 型

1. 拿掉廚房與餐廳隔間，設計電器櫃吧台串
   聯餐桌
2. 運用鏡面修飾走道天花樑也拉高天花視覺
3. 規劃小孩房與主臥相臨，另一間則規畫為
   架高書房兼客房

4. 在書房臨餐廳牆面嵌入玻璃磚透光
5. 主臥衛浴用隱藏門設計避開床
6. 電視主牆設計成電視平台＋左右對稱櫃體
7. 小孩房設計弧形天花收樑
8. 維持獨立玄關

解決
方案 **B**

規劃重點

動房間牆變拉門，借引採光讓餐廳 明亮感提升

變開放式書房

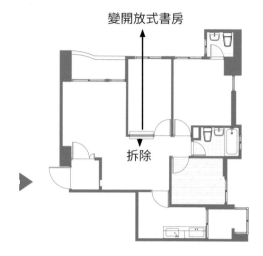

拆除

After 方案 B

B方案

1. 保留原本格局，廚房為獨立空間
2. 廚房外規劃為餐廳，並將餐桌靠牆設計
3. 玄關結構牆不可移動，因此在玄關背牆 規劃餐櫥櫃
4. 小孩房與主臥以公共衛浴相隔

5. 客廳電視主牆設計全為櫃體，中間放置壁 掛式液晶電視
6. 沙發背牆為書房，並將臨廊道牆面拿掉改 為玻璃拉門及隔間引光
7. 書房設計臥榻兼客房
8. 主臥衛浴用隱藏門設計避開床

轉動客、餐廳配置的方形屋戶型

🏠 **Home Data** | **屋型**｜中古屋／公寓　**坪數**｜35坪　**居住人口**｜5人（兩家人）
格局｜3房2廳1廚1.5衛 → 3房2廳1廚2衛

　　這是一個感人、兄妹共築的居家空間，由於妹妹帶著兩個男孩離婚投靠自家的哥哥，為提供孩子穩定的成長環境，因此兄妹共同購買1間屋子，更改成適合兩家人居住的空間。

　　這空間因邊間加上三面採光，所以條件十分良好，只是原本的格局並不符合現在居住者的使用，包括1.5套衛浴設備不堪使用，且空間太小、撞門、餐廳太暗等問題，必須重新規劃。因此根據客戶的需求，必須重新調整隔間牆，規劃三個房間、公共空間的配置、客廳方位及電視牆位置，並同時加大衛浴空間及動線調整，提出四個平面規劃，讓客戶思考及選擇。

建築特徵

☐ 門開在中間位置

☐ 基地方正

☐ 邊間，採光通風良好

☐ 位在中間餐廳太暗

☐ 廁所與衛浴都在最後端

☐ 廚房牆面為結構牆（在側邊），接工作陽台

☐ 室內有結構樑柱要注意

解決
方案

A

規劃重點

電視牆與主臥室共用的半開放式公共空間

拆除　　　放大主臥室

拆除，放大浴室
新建牆
拆除，改開門位置

After 方案A

1. 以屏風規劃獨立玄關引導進入客廳

2. 運用樑柱切分公、私空間場域

3. 以男孩房的牆定位為電視主牆

4. 客廳臨窗規劃臥榻，增加坐臥空間

5. 客餐廳採及腰的斗櫃界定，並讓採光進入餐廳

6. 將 0.5 套衛浴畫入主臥，並加大空間成完整 1 套衛浴

7. 加大公共衛浴空間，並改由餐廳進出動線

8. 更動主臥及次臥隔間為雙面櫃

9. 保留密閉且獨立廚房

10.房間配置分別為：雙人床主臥、單人床次臥、
　　上下鋪男孩房

規劃重點
以對角線配置客、餐廳及廚房

`before` 原始平面

客廳、孩房 180° 互換　　　增加衣櫥空間

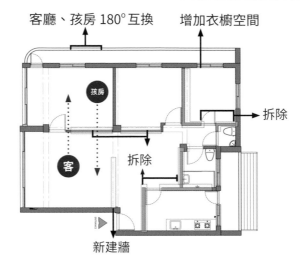

拆除

孩房

客

拆除

新建牆

`After` 方案 B

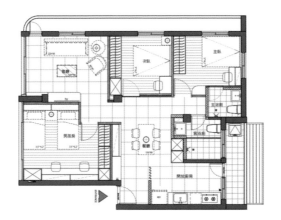

1. 將採光最好的角間規劃為客廳
2. 中間以廊道串聯公私空間
3. 玄關一進來即餐廳,並拿掉玄關與廚房牆面改以屏風區隔
4. 設計開放式廚房與餐廳串聯

5. 調整公共衛浴牆面為電器櫃及洗手檯
6. 將 0.5 套衛浴畫入主臥,並加大空間成完整 1 套衛浴
7. 房間配置分別為:雙人床主臥、雙人床次臥、二張單人床男孩房

餐廳新隔屏形成回字動線，成員再多也不會撞在一起

before 原始平面

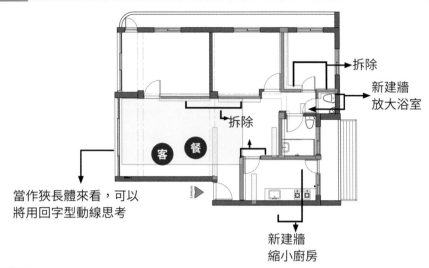

拆除

新建牆
放大浴室

拆除

客 餐

當作狹長體來看，可以
將用回字型動線思考

新建牆
縮小廚房

After 方案 C

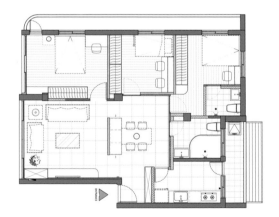

1. 玄關串聯客餐廳，並將電視櫃設計在靠外牆
2. 以餐櫥＋電器矮櫃＋屏風區隔客廳及餐廳，
   也讓採光進入餐廳
3. 餐廳以回字動線串聯私密空間及衛浴、封閉
   式廚房

4. 將 0.5 套衛浴畫入主臥，並加大空間成完整
   1 套衛浴
5. 加大公共衛浴空間，並改由餐廳進出動線
6. 房間配置分別為：雙人床主臥、上下鋪男孩、
   雙人床次臥

解決
方案 **D**

規劃重點

動牆最少，修改為開放式客餐廳

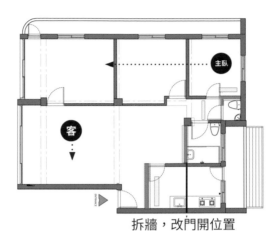

主臥

客

拆牆，改門開位置

1. 開放玄關串聯客餐廳，並將電視櫃設計在玄關同側
2. 運用樑柱切齊公私空間場域，並將私密空間規劃在同一側
3. 將餐廳及餐櫥櫃依牆設計，形成開放式客餐廳，採光佳

4. 採光最好的角間規劃為主臥
5. 縮小次臥空間，並將 0.5 套衛浴畫入成 1 套
6. 公共衛浴空間大小不變，只改由餐廳進出動線
7. 房間配置分別為：雙人床主臥、上下鋪男孩、單人床次臥

對換客廳與書房的ㄇ字屋戶型

🏠 **Home Data**　屋型｜中古屋／電梯大樓　坪數｜45 坪　居住人口｜1 人
格局｜4 房 2 廳 1 廚 2 衛 → 2+1 房 2 廳 1 廚 2 衛

　　ㄇ字屋戶型再加上大門在中間偏左的空間設計，實在考驗著設計師的空間配置能力，因為不但玄關太短難以安排外，同時也導致空間動線容易被切割成左右兩邊不連貫。以這個案子為例，玄關路徑太短窄，難以設置鞋櫃等，空間被一分為二，整個空間只有前後有採光，餐廳容易成為暗房，廚房太過狹小，衛浴空間太小，而且原本的衛浴一開門見馬桶，不雅觀。因此，在客戶的需求要大主臥、豪華泡澡空間、開放的餐廚空間及一間書房後，最特別是在 2 間浴室內，都進行馬桶與面盆互換工程，使浴室空間感瞬間放大。

建築特徵

☐ 門開在中間位置

☐ 基地兩側寬中間窄的ㄇ字形

☐ 只有前後兩側採光

☐ 位在中間餐廳太暗

☐ 廁所與衛浴都在中間段

☐ 廚房在二個房間中間，接工作陽台

解決
方案 **A**

規劃重點
不動格局下，以共用隔屏設計客廳與書房

before 原始平面

馬桶換位、重新排列

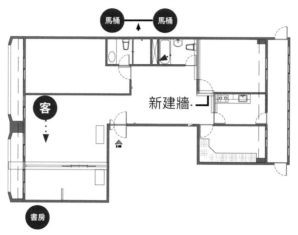

馬桶 ← → 馬桶

新建牆

客

書房

After 方案A

1. 一進門規劃開放式玄關，銜接左邊客廳及右側的餐廳＋私密空間
2. 拿掉客廳一房改為開放式書房，以電視牆結合書桌界定場域
3. 開放式廚房與餐廳串聯，並用吧台界定場域

4. 廚房兩側房間，一個架高木地板＋拉門成和室，另一間為客房
5. 餐櫥櫃設計在玄關同側

規劃重點

客書房翻轉，縮小和室加大廚房

before 原始平面

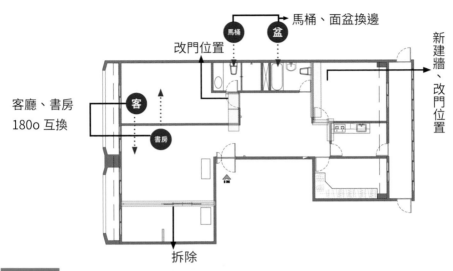

馬桶、面盆換邊

改門位置

馬桶　盆

新建牆、改門位置

客廳、書房
180° 互換

客

書房

IN

拆除

After 方案 B

IN

1. 拿掉一房變身客廳，並面向內側，讓客擁有完整的電視主牆

2. 沙發背面規畫開放書房，採回字動線串聯客廳及書房

3. 將和室縮小，加大廚房，以配置 L 型廚具及吧台

4. 公共衛浴入口內縮調整，以便於架高和室的拉門使用

5. 主臥動線調整，讓衛浴臨餐廳牆面完整設置餐櫥櫃

6. 大主臥內運用衣櫃設置一間半開放更衣室

解決方案 C

規劃重點

吧檯是創造餐廚區獨立與連接的最好工具

before 原始平面

新建牆，浴室放大
拆除
拆除
新建牆 廚房放大

客

書房
拆除

After 方案 C

1. 一進門規劃開放式玄關，銜接左邊客廳及右側的餐廳＋私密空間

2. 拿掉客廳一房改為半開放式書房，以電視牆結合書桌界定場域

3. 將和室縮小，加大廚房，以配置 L 型廚具

4. 在廚房加裝拉門設計，變成半開放式餐廚空間

5. 公共衛浴入口內縮調整，以便於架高和室的拉門使用

6. 主臥動線調整，讓衛浴臨餐廳牆面完整設置餐櫥櫃

7. 大主臥內運用拉門區隔更衣室及睡眠區

只靠客廳小翻轉 180°的梯形戶型

Home Data　屋型｜新成屋／電梯大樓　坪數｜45 坪　居住人口｜3 人
格局｜4 房 2 廳 1 廚 2.5 衛 → 3+1 房 2 廳 1 廚 2.5 衛

　　因為是梯形平面配置，導致室內空間切割很奇怪，而且在玄關及餐廳中間有根柱體，很難利用。因此運用玄關櫥櫃設計拉齊玄關、餐廳及客廳空間，使其完整，再來配置家具。私密空間部分，由於客戶不想更動格局，因此依其需求配置，除了主臥確定外，其他兩間則分別規劃為女兒房及和室做調整。

建築特徵

□ 門開在中間位置

□ 基地為一邊寬一邊窄的梯形面積

□ 三面採光

□ 位在中間餐廳太暗

□ 廁所與衛浴都在後端，並有對外窗

□ 開放式大廚房，接工作陽台

□ 主臥空間有不少畸零空間

解決方案 **A** 規劃重點

以增設櫃體切斷縱深，創造空間層次感

before **原始平面**

After **方案A**

1. 運用玄關雙面櫃區隔玄關，客廳及餐廳
2. 利用及腰電視屏風區隔客廳與品酒區，並串聯餐廳
3. 廚房設置拉門，做半開放式設計
4. 方形大餐廳串聯公私空間動線
5. 主臥運用更衣間修飾主浴門口的畸零地帶
6. 主臥與次臥之間為客房

規劃重點

翻轉 180°，客廳擁有完整電視牆

before 原始平面

客廳 180° 換方向

After 方案 B

1. 玄關屏風拉長空間感
2. 以沙發與玄關同側，保留完整電視牆
3. 沙發及斗櫃區隔客廳及品酒休息區，再到餐廳
4. 圓形餐桌串聯各空間領域

5. 開放式廚房設計
6. 主臥運用拉門拉齊主臥主牆，並多出獨立化妝間
7. 主臥與女兒房相臨，最邊間則為架高和室兼客房

解決
方案 **C**

規劃重點

Ｂ案客廳及主臥併入Ａ案＝Ｃ案

before 原始平面

→ 床頭換方向

After 方案 C

1. 運用玄關雙面櫃區隔方形玄關，客廳及餐廳
2. 以沙發與玄關同側，保留完整電視牆
3. 以沙發區隔客廳及品酒休息區，再到餐廳
4. 廚房採開放式設計

5. 方形大餐廳串聯公私空間動線
6. 主臥運用拉門拉齊主臥主牆，並多出獨立化妝間
7. 主臥與次臥之間為客房

360°翻轉平配的不規則戶型

🏠 **Home Data**　**屋型**｜中古屋／電梯大樓　**坪數**｜35 坪　**居住人口**｜2 人
格局｜3 房 2 廳 1 廚 2 衛 → 2+1 房 2 廳 1 廚 2 衛

　　這個是位在市區高樓層的中古電梯大樓，三面採光外，每一窗景望出去看到的景致都不同，尤其還有一個八角窗，更能環視對面的公園綠意，因此當客戶找設計書參與設計時，便思考如何能客戶需求下──希望有 3 間房外，要有休閒區、吧台品酒及寬敞的公共空間的同時，又能攬景入室。

　　於是我們除了儘量少移動水電管路較重的廚房及衛浴間外，其他格局全部打破，並將客廳為軸心，分別配置在四個方位去調配不同的空間配置，讓屋主挑選最適合自己的方案。

建築特徵

☐門開在中間前段位置

☐基地雖方正，但有不少凸出景觀窗

☐三面採光

☐廊道太長

☐廚房、廁所與衛浴都在前段

☐工作陽台太小

解決方案 **A**

規劃重點

開放式公共場域置於中間，兩側為私密房間

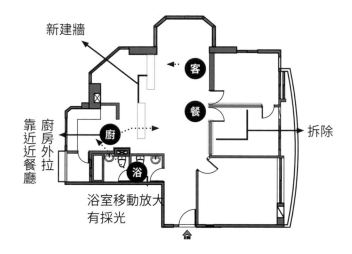

新建牆

客

餐

廚

浴

拆除

靠近近餐廳

廚房外拉

浴室移動放大
有採光

After 方案A

1. 以玄關為主軸規劃公共空間：玄關、餐廳、客廳，左右兩側為私密房間
2. 將原本廚房往走道內推與餐廳及中島形成開放式設計
3. 客廳與八角窗形成一區，並利用主臥牆設計電視牆
4. 沙發背後規劃開放式架高和室

5. 次臥及和室中間規劃玻璃休息區，內附拉門可彈性使用
6. 兩間衛浴後移，其中一間併入主臥，形成主臥、更衣室、豪華主浴
7. 玄關入口規劃儲物衣帽間
8. 八角窗設計成休息臥榻

解決
方案 **B**

規劃重點

客廳在入門前側，房間在後側左右兩端

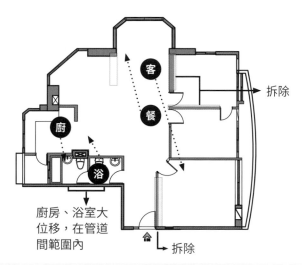

客

餐

廚

浴

拆除

廚房、浴室大
位移，在管道
間範圍內

拆除

1. 一進門玄關即接客廳，且電視主牆與玄關同側

2. 廚房與衛浴對調，設計開放式廚房，與中島吧台
   及餐桌串聯

3. 2 間衛浴合併為一大間，並把空間移給主臥使用

4. 客廳背牆後規劃半開放書房及客房

5. 八角窗設計成休息臥榻

解決方案 C

規劃重點
不動原本公共空間格局，三房變兩房

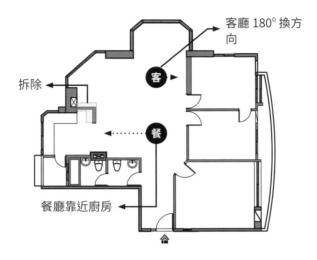

客廳 180° 換方向

拆除 ←

客 ►

餐

餐廳靠近廚房 ←

After 方案 C

客廳移至角窗邊，面向東方

1. 保留原本廚房及衛浴配置，並將二間衛浴改為一大間
2. 廚房串聯後方的角窗規劃成開放吧台休息區及餐廳
3. 客廳與八角窗臥榻連成一區，並用拉門彈性區隔
4. 右側三房改為二房，並加大主臥，擁有獨立更衣間
5. 玄關入口處規劃衣帽儲藏間，且玄關變深

解決方案 D

規劃重點

以十字動線安排公共場域，臥室位在邊緣

before 原始平面

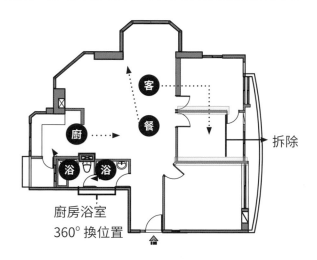

客

餐

廚

浴 浴

拆除

廚房浴室
360°換位置

After 方案 D

1. 以玄關、餐廳與八角窗為縱軸，廚房與客廳為橫軸，攬景入室
2. 四角分別規劃休息區、主臥及 2 間次臥
3. 客廳與休息區以電視牆屏風區隔，讓視野通透串聯餐廳

4. 廚房與 2 間衛浴調整後，其中一間置入主臥，成為豪華泡澡區
5. 玄關一邊設計鞋櫃，一邊設計酒櫃，與開放式吧台廚房相呼應

沒有玄關、餐廳被壓縮
30 坪找不到可收納的空間

🏠 **Home Data**　　**屋型**｜中古屋　　**坪數**｜30 坪　　**格局**｜3 房 2 廳 1 廚 2 衛

改變客廳座向的雙向電視牆
收納、寬敞、料理大滿足

建材｜半拋光石英磚、復古磚、日本矽酸鈣板、F1 板材、KD 木皮、環保系統櫃、ICI 塗料、超耐磨木地板、玻璃、灰鏡、LED 燈、水晶燈、大金空調、TOTO 衛浴設備、進口廚具、正新氣密窗、蜂巢簾

Before 屋況及屋主困擾

苦惱 **空間尺度**：客廳比例過大、餐廳窄小

苦惱 **無鞋櫃**：大門進來無玄關

苦惱 **物品太多**：其他三房太小，需要很多收納空間

苦惱 **危險管線**：有鄰居的瓦斯管經過本戶

這 是位在電梯大樓裡超過 30 年屋齡的中古屋，擁有 3 房 2 廳的格局，而且每個空間還算方正，十分符合屋主一家四口的需求。但實際丈量後，發現公共區域在比例上過大，相較之下私密空間又顯得狹小。再加上拆除後發現原廚房狹小且多處漏水、樓板露鋼筋、甚至有白蟻蟲害，還有鄰居家的瓦斯管線經過，入口沒有玄關，令屋主十分困擾。

屋主是一對低調有品味的夫妻，不喜太鮮豔的裝飾，廚藝精湛的女主人，喜好假日和朋友相約家裡互相切磋，所以廚房設備要齊全，並希望有一個吧檯可方便烹調，還喜歡用圓桌用餐；男主人則是不折不扣的公仔控，收集許多無敵鐵金剛和鋼彈系列，但是舊家狹窄的空間難以滿足收藏與展示，因此需要有足夠且適當的室內規劃及陳列空間。

Before

 現場問題

1 — 沒有玄關

2 — 公共區域過於寬敞,比例較

3 — 廚房狹小且多處漏水鄰家瓦斯管貫穿

4 — 空間裡不少有樓板露鋼筋,甚至有白蟻蟲害

5 — 每個房間過小,收納量不足

6 — 老舊電梯有獨立後門空間,但不知如何利用

IN

設計師策略總整理

1 種平面 ➜ 微調格局的 3 種空間配置方案

A

Step 1. 客廳窗邊做臥榻

可以當作座位使用,收納也方便。

⬇

Step 2. 拆動廚房牆

廚具變成 L 型向餐廳開口,冰箱位在中間,剛好遮擋爐灶視線。

B

Step 1. 客廳右轉 90°

客廳座向右轉朝向餐廳,以旋轉電視屏風當作界線,大門邊就可以安排一整面的儲藏櫃。

⬇

Step 2. 廚房只動一道門

將門移到中間,就可安排雙一字型廚具,檯面足夠好用。

C

Step 1. 客廳轉向 + 廚房拆牆

旋轉電視屏風讓客、餐兩區都能使用,廚房變身開放式,讓本區比例能擴大。

⬇

Step 2. 臥室強調收納量

臥室將衣櫥和書桌椅不同方式組合,達到最高收納量。

預算等級
★★★☆☆

缺 缺 優 優

餐廳的屏風櫥櫃會遮到採光

開放式玄關，沒有內外緩衝區域

開放式餐廚設計符合女主人需求

僅更動次子房及廚房

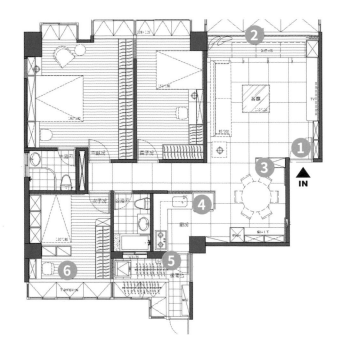

不更動格局的傳統客餐廳配置

餐廚改採 L 型開放式設計

❶ 玄關　以鞋櫃界定玄關並與電視櫃串聯成一體	❷ 客廳　運用沙發及臥榻營造客廳大器感	❸ 餐廳　運用餐廚櫃屏風界定客餐廳
❹ 廚房　開放式廚房，並將電器櫃移至餐廳串	❺ 後陽台　加大鋁窗為收納功能	❻ 次主臥　分為睡眠區和讀書區

　　A方案的版本不動格局，針對屋主的需求規劃出開放式玄關，以及半開放的客、餐廳空間和每個私密空間配置。同時，因應男屋主想要擺放公仔，因此從玄關鞋櫃串聯電視櫃，設計一陳列展示區，讓男屋主擺放。由於公共空間的收納機能有限，主打房間的收納機能規劃充足。

　　另一個設計重點，則是後陽台設計成L型工作陽台，將原本的廚房隔間去除，跟餐廳串聯為開放式空間，並沿著餐廳牆面做出吧檯、電器櫃等等，滿足女屋主想要的料理區，再將廚房走道的牆線比例重新分配，做出可以放超大冰箱的場域。同樣，因為後陽台位移後，次子臥房便將多出來的區域沿著柱和樑，以矮櫃區分床跟書桌的空間，同時以圓弧天花設計解決床頭壓樑的問題。

預算等級
★★★☆☆

缺　廚房與餐廳獨立，動線及使用較不便

優　書桌靠窗，採光較為明亮

優　多了男主人要的角落閱讀區

優　旋轉電視機彈性應用更大

優　有玄關轉圜回家或外出的塵埃及心境

客廳轉向 90°搭配旋轉電視牆屏風
主臥多出一區閱讀空間，機能更彈性

❶ 玄關　運用不同地坪規劃玄關落塵區	❷ 客廳　運用半高屏風式旋轉電視牆界定場域	❸ 餐廳　餐廳及廚房各自獨立，中間規劃吧檯區
❹ 孩童房　兩間孩童房的書桌近窗戶，採光佳	❺ 主臥　封掉一組窗，增為閱讀區	

　　B 方案則是大膽地將客廳大轉 90°與餐廳對望，同時將電視牆設計成可旋轉的半屏風式隔屏，不但可界定客、餐廳，上方的通穿可讓視野更開展，同時也可以視需求調整電視的面向。換句話說，旋轉電視牆除了打破空間的限制，增加方便性，也將光影投射的變化成為家中的美景。由玄關鞋櫃連結成一大型收納高櫃，窗台與櫃體展示檯面放置男主人收集的模型，彷彿是特別訂置的展示舞台。

　　廚房則改為密閉式設計，並將所有料理機能集中在此，例如電冰箱、烤箱等等。餐廳除了有圓桌外，還多一座工作吧檯，符合女主人想要做料理的需求。至於長子房則利用收納箱及臨窗書桌規劃，次子房因為考量玩具多，所以將衣櫃空間結合樑下及床組一起設計收納機能。而主臥的浴室做了隱藏門設計，窗邊規劃出男主人的閱讀區，享受在午後陽光下配上一杯茶的閱讀樂趣。

改善方案 **C**

預算等級
★★★★☆

缺 優 優 優

預算較高 私密空間利用樑下增加收納機能 開放式餐廚設計符合女主人需求 旋轉電視機彈性應用更大

主臥房 5.6P
長子房 4P
客、餐廳、廚房、走道共 13P
衣子房 3.5P
IN

A方案的開放廚房＋B方案的客廳轉向

專屬的完美居家空間規劃出現！

❶ 玄關　運用不同地坪規劃玄關落塵區	❷ 客廳　並運用半高屏風式旋轉電視牆界定場域	❸ 鞋櫃　收納櫃與鞋櫃統整，滿足收納及公仔展示	❹ 廚房　開放式廚房，並將電器櫃移至餐廳串聯
❺ 後陽台　加大成 L型	❻ 次主臥　利用樑下規劃收納及閱讀區	❼ 主臥　增加主臥閱讀區	

　　由於屋主很喜歡 B 方案的和室及主臥的規劃，因此以 B 方案為基底，再加以調整 A 方案做最後定案，更動的地方包括：去除屏風，讓客廳採光得以進入玄關、加高和室高度下做收納櫃，並去除和室的書桌，改以活動桌使空間使用靈活度更大，拉門的設計也讓走道的長度感覺變短一些，調整後方工作陽台的配置，讓空間使用較順手等等。

　　並針對電視櫃及餐櫥櫃設計成高高低低的層次，不但增加機能，也讓整體空間視覺有變化性。

男屋主很喜歡 B 方案的玄關及客廳設計，女屋主則喜歡 A 方案的餐廳及廚房設計，因此在討論後，將彼此喜歡的空間保留，同時再加上主臥用 B 方案的床頭＋A 方案的衣櫃設計，並多出一間男屋主想要的窗邊閱讀休憩區。至於大小男孩的房間，則採 B 方案。在多方融合及調整之下，C 方案應運而生。雖然預算增加不少，但是中古屋經過改造，彷彿如新成屋亮麗；針對不良格局修正，放大空間視覺效果，也補強以往不便的地方，讓男主人的鋼彈有展示空間、女主人使用廚房亦更順手。

PROJECT **1**

運用原木色及中性灰
營造低調簡約風格

整體空間的調性上，大量使用不同明暗度的灰色搭配木紋質感，呈現低調簡約的氛圍。同時，在玄關入口處使用木作造型牆及灰鏡作為隔屏，既界定玄關與室內空間，又不影響採光。

PROJECT **2**

窗台及櫃體檯面是公仔
展示舞台

運用鞋櫃一路延伸至窗台的展示櫃，在櫃體的「深、淺」及「展示、封閉」的層次安排下，搭配沙發背牆的窗台設計，都可以放置男主人所收集的公仔模型，在光線襯托下，彷彿是特別訂置的展示舞台。

PROJECT 3

大面積收納櫃用懸空設計減輕量體

大面積收納是主婦的最愛,但是讓視覺感減輕就是專業設計師該做的,局部懸空加上燈光就可以達到效果。

PROJECT 4

不同地坪材與及腰屏風界定空間

由於空間不大,因此運用不同地坪區隔玄關及室內空間,同時及腰的電視屏風則界定餐廳及客廳空間,不做滿的設計讓視野更通透。

PROJECT 5

旋轉電視牆,滿足不同空間使用機能

旋轉電視牆除了打破空間的限制,增加方便性,也將光影投射的變化成為家中的美景。

PROJECT 6
開放式餐廚設計完成女屋主烘焙夢想

由於廚房空間不大，因此利用開放式的餐廚空間設計，將電視牆後的用餐區，沿著牆面做出吧檯、電器櫃，完成女主人想要的烘焙料理區域。再將從餐廳延伸至廚房的牆線比例重新分配，硬是擠出可以放超大冰箱的空間，滿足機能。

PROJECT 7
窗邊規劃出男主人的閱讀區

因應男主人的要求，將原本床尾一整排的衣櫃改為二側，並在臨窗邊轉角處保留一個空間，放置單椅，成為男主人最喜歡的專屬個人閱讀休憩空間。

PROJECT 8
主臥浴室隱藏門設計，視覺更統整

有鑑於主臥的空間並不大，兩側均規劃了衣櫥收納，相對之下主臥衛浴則做了隱藏門設計，透過深淺木皮的安排，營造空間律動感。同時運用系統床頭櫃箱及化妝台的結合，避開床頭壓樑的問題。

PROJECT 9
以矮櫃區分床與讀書區

在次子房裡，有樑柱分割為兩區域，因此將閱讀區域設計在樑柱後面的畸零空間，並以矮櫃區分床跟書桌，同時矮櫃下方則設計格子層板，一方面放置書籍，一方面也可以收納孩子的玩具。

PROJECT 10
圓弧天花設計解決床頭壓樑

由於長子房的天花有一根大樑，角落也有結構柱，因此利用圓弧造型天花修飾掉樑柱，同時也解決床頭壓樑的壓迫感，並成為空間裡有趣的線條律動。

被三房隔間破壞的度假屋
長短不齊的牆面造成室內很狹窄

🏠 Home Data　屋型│新成屋　坪數│21 坪　格局│玄關、2+1 房 1 廳 2 衛

巧移門、多功能玄關櫃
彈性運用空間連客人留宿都方便

建材│文化石、木作造型門、實木地板、金屬光澤噴漆、E0 健康系統櫥櫃、灰鏡、
　　　日本麗仕矽酸鈣板、大圖輸出

 度假樂趣：男主人希望有一間泡茶享受的和室

 穿堂煞：一進門就看完整個公共空間

 零碎空間：室內狹小且不完整，造成畸零角落難使用。

林先生及林太太因已面臨到退休年紀，於是在郊區購買一間20坪出頭的新成屋，做為退休生活的度假小屋。由於是位在邊間，幾乎每個房間都擁有充足的採光，但建商硬將室內規劃成3房，壓縮到公共空間，產生狹小不完整的空間，還有一進門即一眼看穿客廳，無隱私性；而且男主人喜歡泡茶，要求一間和室，女主人則希望收納機能充足都還必須滿足。

因此因應屋主需求，將1間房間開放成彈性空間，規劃出2種完全不同的格局調整方案，加大公共空間的使用場域。並利用櫥櫃隔屏出一入門玄關，避開風水問題。另外，由於是度假使用，收納機能可以簡化至私密空間。

Before

 現場問題

1 — 一進門即見露台有穿堂煞問

2 — 公共空間並不大，且覺得壓

3 — 室內有許多畸零空間不好使

4 — 原本 3 房規劃不符合使用需求

**設計策略
總整理**

1 種平面 ➜ 提出 3 種客廳配置方案

A

Step 1. 改房門創造出
電視牆

以客廳需要深度為
界線，拉齊房間牆。

Step 2. 多用途家具
設計

結合鞋櫃、玄關端
景與上網書桌的多
功能設計，只需要
一個小空間區位。

B

Step 1. 客廳向右位移
並改面向

以沙發和書房為空
間中心，並形成多
元動線規劃。

Step 2. 房間從方形改
成長方形

房間從方形改成長
方形。

C

Step 1. 只改廚房牆與
浴室門

縮減客房、廚房增
大收納容量。

Step 2. 改浴室門

客廳不會直接看到客
浴入口。

改善
方案 **A**

缺 優 優
　 　 格
客 在 局
廳 預 更
的 算 動
深 內 不
度 達 大
不 成 ，
夠 屋 維
　 主 持
　 的 好
　 需 的
　 求 採
　 　 光
　 　 及
　 　 通
　 　 風

只改兩道門、拉齊電視牆為中軸線
在預算內達成需求

❶ 玄關　雙面櫥櫃區隔入門視線	❷ 客廳　拉齊房間牆面，打造完整電視牆	❸ 和室　拆牆＋架高木地板的開放式和室	❹ 廚房　活動拉門區隔半開放廚房

　　為了符合屋主的預算，A 平面規劃的重點以更動最少為原則，維持 2 ＋ 1 房的格局，僅將原本的 2 間房間的牆面拉齊，好營造出完整的電視牆面，並將進入私密空間的門板，以隱藏門方式整合在電視牆面上，讓視覺統一、放大空間。其次是將靠近露（陽）台的小空間做成拉門格式，並架高木地板成為男屋主最愛的休息泡茶區。

　　在入口處規劃玄關，並以雙面櫃當屏風修整穿堂煞。屏風的另一邊則為開放式的上網兼用餐區，而廚房門片去除改做半開放式設計，公共衛浴的門片則設計為隱藏式，並透過白色板材及灰鏡的穿插交錯營造層次感。而所有收納機能全部放置在各個私密空間裡，讓公共空間更顯寬敞舒適。

預算等級
★★★★☆

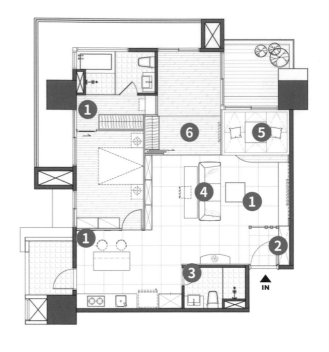

缺 缺 優 優 優
客 格 動 女
廳 局 線 屋
的 更 修 主
採 動 正 擁
光 大 , 有
較 , 公 更
弱 預 共 衣
, 算 空 室
必 超 間 與
須 過 不 中
借 必 島
助 對 廚
其 應 房
他 太 的
照 多 要
明 門 求
片

客廳、房間順時針走 90°
公共區升級豪宅規格

❶ 房間 去除一房改為開放式中島餐廚及增加主臥更衣間	❷ 玄關 設屏風避開穿堂煞	❸ 衛浴 公共衛浴出口左移至另一面牆
❹ 客廳 沙發 180° 轉向,後方為開放式的書房	❺ 和室 架高木地板的泡茶區	❻ 次臥 加大面積,並改拉門設計做彈性使用

除了衛浴及廚房廚具沒有更動外,所有格局都改變了。首先去除一房的空間,移給廚房及主臥空間,讓廚房可以規劃出能用餐的開放式中島吧台區,而主臥則可以多出一間更衣室。

其次,則是將男屋主想要的泡茶區,則規劃在客廳通往露(陽)台的中間,以開放式架高木地板處裡,下面還可以做收納箱。然後把原本的次臥拉長,改為拉門設計以彈性使用,並與茶室齊平,好讓整個公共場域完整。如此一來客廳深度夠,便可以在沙發背牆再規劃開放式書房兼上網區域。玄關則用屏風阻隔穿堂煞問題。牆面再利用櫃體及隱藏門收齊,讓視覺統一,也感到舒適,當然這樣的規劃上,預算上也超出許多。

預算等級
★★★☆☆

優
格局小變動，維持良好的採光及通風

優
在預算內達成屋主的需求

優
客廳利用沙發背牆的大尺度圖片淡化深度不足

隱藏式餐桌、有拉門的和室

開放多元使用

❶ 玄關　屏風區隔場域，也避開穿堂煞問題	❷ 客廳　拉齊牆面及隱藏門打造完整電視牆	❸ 和室　增加格子拉門及升降桌，讓空間能多功利用
❹ 廚房　增加拉門及廚櫃收納	❺ 上網區　書桌改為可隱藏式設計	❻ 次臥　起居區改為化妝台

　　在預算考量下，屋主選擇方案Ａ的空間規劃，僅在小地方做調整，例如將泡茶和室區增加格子拉門及升降和室桌，以在必要時能讓和室獨立使用、廚房增加灰玻拉門以防止油煙進入室內，但又不會阻礙採光進入。同時，屋主考量在這裡用餐或上網機會不多，因此原本的上網區書桌則改為可隱藏收納式餐桌，在必要時可以放下來使用，讓客廳可以視情況做彈性應用。

　　私領域的地方，則在次臥把原本的起居沙發改放女屋主結婚時，娘家送的三面鏡化妝台嫁妝。沒了中島吧台，因此廚房增加一排收納廚櫃設計等。

C 提案完工

　　在格局調整完成後,則改以尺度比例關係,調整客廳深度不夠的問題,運用沙發背牆的大圖輸出及大尺寸沙發,營造出大器感,也形成視覺焦點。至於在風格營造方面,則搭配不同的白色系為設計主軸,並在立面添加活潑元素及彈性空間運用,例如用進出私密空間的隱藏門樹枝意象,融合和室牆面的歐洲街景,都在在襯托出淡水的自然舒適,也讓空間可以倒映出不同時段的陽光,打造休閒度假風,傳遞出一種「自在、放鬆」的生活態度。

PROJECT **1**
玄關櫃利用深淺,
雙面使用

同時滿足「解穿堂」、「鞋櫃」與「活動書桌」三重功能的新玄關,讓空間有內外之分,還運用鏡面讓景深拉長一些。

PROJECT 2
收齊房間與電視牆面

將電視牆面收齊房間門，輔以文化石，並用樹枝意象的白色隱藏門片做對稱設計，營造休閒風氛圍。

PROJECT 3
雙面櫃融合書桌與收納

玄關以雙面櫃區隔場域，並用可隱藏收納的活動餐桌，為空間機能增加彈性，而灰鏡及白色板材穿插牆面則為公共衛浴的門片，與廚房玻璃拉門有效大空間之效。

PROJECT 4
視覺拉長景深

利用客廳沙發背牆的大尺度輸出風景畫營造出空間大器感，而半開放的和室設計引光入室。

PROJECT **5**
架高和室具有多元的用途
角落的架高和室則是屋主喝下午茶、看書的最佳位置，
純白的格子拉門使人有安全感又能引光入室。升降和室
桌則可使空間使用更具彈性，收納機能完善。

PROJECT **6**
造型們兼具主牆與入口
白色樹枝意象的門片是通往主臥的入口，也是電視牆的
一部分，因為客廳必須有相當的長寬比，才會顯得大器。

PROJECT 7
開放感的浴室加上簾幔

透明的主浴玻璃雖然使主臥十分明亮，但顧及屋主的使用習慣及隱私問題，因此規畫蛇形簾，保有個人隱私性。

PROJECT 8
次臥雙床之間剛好放置梳妝台

次臥的雙床中央空間改放三面鏡化妝台，是女屋主的嫁妝，也是家庭重要的紀錄；衣櫃拉門則採雷射雕刻設計，讓房間不掛畫也很活潑。

房間小、走道暗、入門很壓迫
5 個房門使走道長又零碎

🏠 **Home Data** | **屋型**｜新成屋／電梯大樓 　**坪數**｜30 坪 　**格局**｜2+1 房 2 廳 1 廚 2 衛

四房改 2+1 房、引光入走道
變身北歐溫馨宅

建材｜日本矽酸鈣板、F1 板材、文化石、茶鏡、KD 實木皮、環保系統櫥櫃、ICI 塗料、
　　　超耐磨木地板、大金空調、全熱交換器、窗簾、LED 燈具、進口壁紙

Before　屋況及屋主困擾

苦惱　玄關壓迫：有一根超過 100 公分寬的大超大柱體柱子橫亙在入門處

苦惱　走道陰暗：通往房間的走道昏暗

苦惱　廚房油煙：不易排掉，會被後陽台油煙倒灌的風吹進室內

苦惱　無收納：房間狹小、收納不容易安排

由於屋主夫妻兩人都已上了年紀，想要搬進有電梯的房子，所以尋找到這間離公司近的電梯大樓住宅。屋主本身從事與日本貿易有關的工作，所以想要在家裡設置一間和室房，女主人則要求要有充足的收納機能及小書房，並希望留置一間給在美國工作的女兒回來時可以休息的地方。

但建商所提供的 4 房 2 廳 2 衛的空間，卻因為隔局規劃不佳，導致每個房間內部太小，很難使用。本空間主要居住人數只有兩個人，並不需要 4 間房，因此依據屋主需求規劃，做大幅度調整，除了保留衛浴及廚房空間不動外，將原本的 4 房改為 2 ＋ 1 房，並運用牆面規劃龐大的收納機能，但又不會感到壓迫，讓坪效功能發揮最大，也讓動線變得流暢，引光入室，創造舒適空間！

現場問題

1 — 玄關橫亙一根柱子,使一進門壓迫
　　 感很重

2 — 規劃四房空間都很狹小

3 — 廚房沒有對外窗,油煙排除不易

4 — 客房夾在兩間衛浴中間容易被干擾

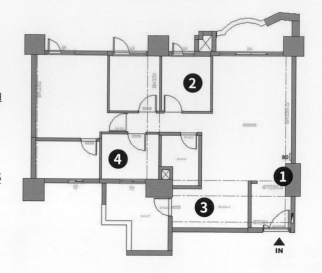

**設計師策略
總整理**

1 種平面 → 變出 3 種房間設計的方案

A

Step 1. 拆除小房間
順著樑把面積分配
給主臥與次臥,後
面房間設成更衣室。

Step 2. 櫥櫃沿牆安排
各空間都有收納設
計,以貼著牆面來
安排,不阻擋光和
通風。

B

Step 1. 標準三房配備
每間房間有書桌與
衣櫥。

Step 2. 廚房改拉門
以半開放式拉門隔
絕油煙,電器櫃移
到廚具對面。

C

Step 1. 主臥拆牆、
不動房門
放大主臥室,有空
間可以放衣櫥。

Step 2. 架高和式房
地板下方設置收納
抽屜,拉門讓光從
窗外進到走道。

預算等級
★★★☆☆

缺　缺　優　優

床頭壓樑問題　走道採光不佳　屏風設計避免穿堂煞問題　客餐廳及廚房開放式設計

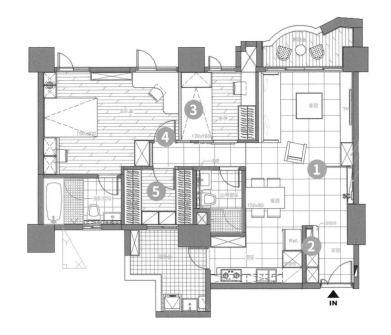

改動兩道牆、放大主臥室
援引窗外光讓走道變亮

❶ 玄關　玻璃屏風避免穿堂煞	❷ 鞋櫃　深度不同的櫃體設計，滿足收納量並減輕壓迫感	❸ 房間　去除一房，調整給主臥及次臥空間
❹ 主臥室　房門向右轉 90˚	❺ 客房　改成獨立更衣室	

　　A方案是將主臥與客廳之間的兩間小房拆除，分別併入主臥的書房及客房使用，且客房改為拉門設計，使走道不會有太多門片框架，並將夾在主臥衛浴及公共衛浴之間的房間改為獨立的更衣空間，以便容納更多的收納機能。廚房採開放式設計，讓客廳的採光得以從開放式餐廳進入到廚房。

　　反向運用門旁的大柱子規畫廊道端景的展示平台，串聯至電視櫃體，並在玄關及客廳之間用玻璃屏風避開穿堂煞問題。而進門的左側則規劃整面的鞋櫃收納，與廚房電器櫃體整合在同一牆面。

預算等級
★★★★☆

缺 預算增加

優 主臥床頭避免壓樑問題

優 廚房拉門設計避免油煙進入

優 木作平台包覆柱體減緩入門壓迫感

優 架高和室的玻璃拉門引光入走道

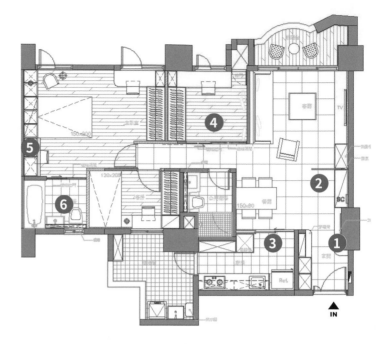

將一房改拉門、用平台整合結構柱

走道、大結構柱都「消失了」

❶ **主牆** 木作平台修飾超大柱體，串聯主牆櫥櫃	❷ **玄關** 玻璃屏風解決穿堂煞問題	❸ **廚房** 加裝玻璃拉門，防止油煙往室內漫延
❹ **客房** 改為和室及拉門設計，走道就有採光	❺ **主臥** 設計床頭櫃解壓樑問題	❻ **主臥衛浴** 縮小衛浴面積讓給客房，並改隱藏拉門設計

　　B方案與A方案相比，空間配置變異不大，差別是去除1間房分配至主臥及和室客房，並將和室客房架高木地板處理，書桌設計在窗邊讓腳可以下沈擺放，並運用玻璃拉門設計，讓採光得以進入走道。

　　屋主有重火的烹調習慣，因此廚房改為玻璃拉門，同時為減緩大門入口的柱子壓迫，運用一木作平台包覆柱體，並沿著牆面至餐廳的餐櫥櫃及電視櫃做視覺統化，讓牆面有延伸的視覺效果，且滿足收納機能。為解決客房被兩間衛浴干擾的問題，運用櫥櫃區隔公共衛浴帶來的潮溼及噪音問題。主臥床頭運用櫃體避開樑柱問題，主臥衛浴用玻璃拉門，讓採光可以進入主臥，彼此支援。

預算等級
★★★★☆

優　架高和室的玻璃拉門引光入走道

優　木作平台包覆柱體減緩入門壓迫

優　收納機能最高量

優　後陽台設備對調位置，空間更大更好用

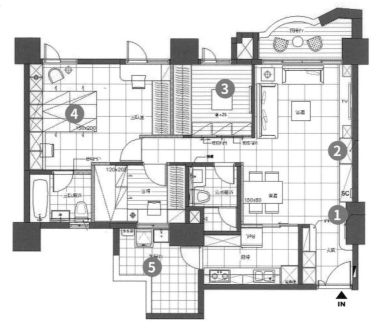

3 房配備 + 櫃體地面下收納

採光好、空間使用更加靈活

❶ **玄關** 不設屏風，讓公共區域完整寬敞	❷ **客廳** 運用高低櫃規劃統整結構柱，使牆面有變化	❸ **和室** 架高木地板至 25 公分，增加抽屜收納
❹ **主臥及客房** 床底下加收納機能	❺ **後陽台** 將工作配置 180°換位置，曬衣區更寬敞	

　　由於屋主很喜歡 B 方案的和室及主臥的規劃，因此以 B 方案為基底，再加以調整 C 方案做最後定案，更動的地方包括：去除屏風，讓客廳採光得以進入玄關、加高和室高度下方做收納櫃，並去除和室的書桌，改以活動桌使空間使用靈活度更大，拉門的設計也讓走道的長度感覺變短一些，調整後方工作陽台的配置，讓空間使用較順手等等。

　　並針對電視櫃及餐櫥櫃設計成高高低低的層不對稱的平衡設計，不但增加機能，也讓整體空間視覺有變化及層次感。

　　以B方案中去除一間房分配至主臥及和室客房，並將和室客房架高木地板處理，書桌設計在窗邊讓腳可以下沈擺放，並運用玻璃拉門設計，讓採光得以進入。還加上改以活動桌使空間使用靈活度更大，拉門的設計也讓走道的長度感覺變短一些，調整後方工作陽台的配置，讓空間使用較順手等等。

PROJECT **1**

用延伸感削減柱子壓力

大門入口右側設計實木展示平台至玄關與客廳之間的大柱子，充當扶手外，也可與玄關鞋櫃互相輝映，同時也將陽台綠意陽光帶入居家空間。

PROJECT **2**

平衡運用「開放式收納」和「隱藏式收納」

將電視主牆延伸餐廳及玄關設計收納高低櫃，不但界定空間，
也滿足收納機能。電視牆的文化石設計突顯簡約北歐設計。

PROJECT **3**

透明拉門和緩與餐廳間的關係

開放式客餐廳，使採光通風良好，同時
廚房運用玻璃活動拉門開闔，可視情況
彈性使用，不怕一時廚房凌亂，以創造
全家幸福感！

PROJECT **4**

利用顏色和建材點亮聚焦性

在餐廳主牆利用線板搭配色彩畫作，再
配上實木餐桌椅、造型天花板營造豐富
的空間層次。

PROJECT **5**
地板下收納必須是抽屜式才好用

去除一間房將空間分給主臥及架高和
室,和室底下做抽屜可以收納外,空間
彈性使用更靈活。

PROJECT 8

快速乾淨的系統櫃設計

運用系統櫥櫃規劃全功能客房，不但收納機能充足外，生活更舒適！

PROJECT 7

大幅拉門隱藏浴室位置

主浴室採用隱藏門，解決客戶不喜歡浴室對床的風水問題，整體溫馨舒適是主人最讚賞的！

PROJECT 6

床頭壁櫃連結書桌設計

將 2 間房間隔間打掉讓主臥室空間區分，男女主人書桌、化妝台獨立使用不影響彼此，又有大型衣櫃收納機能佳！

多樑柱的招待所改成住宅
長走廊、水電不足、使用很困擾

🏠 Home Data　　**屋型**｜中古屋／電梯大樓　　**坪數**｜70 坪　　**格局**｜3 房 2 廳、1 泡茶區、1 工作室、1 娛樂

一牆整合電視、隔間與視聽機房
以壁爐為中心的氣派宅邸

建材｜日本麗仕矽酸鈣板、F1 板材、E0 健康系統櫥櫃、立邦漆、LED 燈、彩繪玻璃、壁紙、
　　　 窗簾、正新氣密窗、國堡門、大金空調、TOTO 衛浴設備、櫻花廚具、實木地板

Before 屋況及屋主困擾

 水電不足：商業用招待所改為住宅，格局或水電管路等都不敷使用。

 入口太多：從梯間出來有三個入口通往室內不同地方，不易規劃。

苦惱 **中央樑柱**：卡位在客廳中央的梁柱

 長走廊：以部門劃分隔間，造成浪費的長走道

改造前是某公司的私人招待所，建造在台灣六〇年代，內有電梯、壁爐，在在顯示貿易商業最輝煌富裕的年代。然而時過境遷，至今已是超過 40 年的老房子，優點在於地段及坪數、一層一戶的建築條件，屋主希望能規劃出氣派舒適的客餐廳、廚房、辦公區、獨立的更衣空間及衛浴，用來招待親朋好友。

室內中央區域有六根大柱子，位於公共空間的第五個柱體較難以處理外，其他均可透過隔間或櫃體虛化。基地三面均有採光，中央的壁爐有其歷史背景，因此跟屋主討論將其完整保留，並成為空間風格的設計發想主軸。

運用二進式玄關統整成單一入口處，在處理完水電管線的基礎工程後，緊接著強化壁爐的安全性，只保留結構體，加深爐子深度，並找耐燒的防火文化石磚由內至外，全部重砌，並以此為中心點，將客廳定位。而客廳的樑柱則為一切點、加上櫃體，做為客廳及辦公區域及泡茶休息區的分割線，進而發展出兩種平面布局。

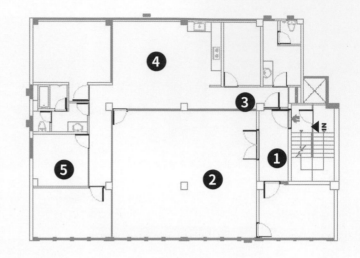

 現場問題

1— 梯間有三個入口進入
　　室內
2— 客廳中間有柱子
3— 招待所動線與衛浴位
　　置均不適合住宅使用
4— 餐廚空間與客廳被走
　　道分開，關係太獨立
5— 房間過小

設計策略
總整理

1 種平面 ➜ 以客餐廳、廚房不同定位的 2 種提案

A

Step 1. 電視牆右轉 90°
把電視牆換到大門
方向，招待區變出
L 型吧檯。

⬇

Step 2. 餐廚房變長型
拉成長型的餐廚
房，變出超大工作
陽台。

B

Step 1. 客廳、廚房共
用一牆
以廚房隔間牆合併
電視牆，廚房內還
可以有中島。

⬇

Step 2. 重新分配門邊
的公共衛浴
縮減一間，多出書
房兼視聽機房。

預算等級
★ ★ ★ ☆ ☆

缺 公私動線區隔不明顯，有可能相互干擾

缺 共用衛浴離房間太遠，使用不方便

優 以客廳為軸心的回字動線串聯每個空間

優 隔間及櫥櫃設計虛化柱體

右轉 90˚的電視屏風新定位

客廳採回字動線串聯每個空間

❶ **大門** 統一入口，規劃二進入式設計	❷ **客廳** 背向大門的電視牆屏風區隔動線	❸ **客廳** 以壁爐、電視櫃為空間中軸規劃
❹ **休憩區** 用柱體規劃矮櫃，區隔泡茶、辦公區	❺ **餐廳** 獨立的餐廳及廚房，中間再以拉門區隔	❻ **衛浴** 門邊 1 套衛浴改成 1.5 套衛浴
❼ **收納** 多 1 間儲藏室		

　　以拆除更動最少為原則，維持 2 ＋ 1 房的格局，僅將原本的 2 間房間的牆面拉齊，好營造出完整的電視牆，並將進出私密空間的門板，以隱藏門方式整合在電視牆面上，讓視覺統一、放大空間之效。其次將靠近露（陽）台的小空間做成拉門，並架高木地板成為男屋主最愛的休息泡茶區。

　　在入口處規劃玄關區以雙面櫃當屏風避開穿堂煞的問題，屏風的另一邊則為開放式的上網兼用餐區；廚房門片被去除改半開放式設計，公共衛浴的門片則設計為隱藏式，並透過白色板材及灰鏡的穿插交錯營造層次感。而所有收納機能全部放置在各個私密空間裡，讓公共空間更顯寬敞舒適。

改善
方案
B

預算等級
★★★★☆

缺 預算較高

優 三間完整衛浴，床有雙邊走道

優 統一視聽機電，維修很方便

優 客餐廳及廚房及工作陽台以拉門串聯

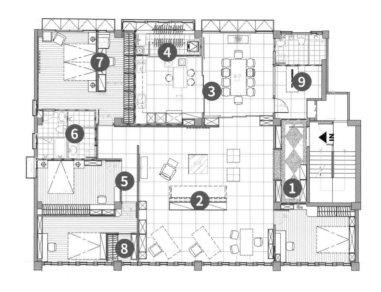

統整客餐廳隔間為電視牆
中島吧檯、視聽機房好用又方便

❶ 大門　兩進入式玄關	❷ 客廳　電視機與客廳柱體成中軸線規劃	❸ 餐廳　餐廳及廚房對調，並用拉門設計
❹ 後陽台　退縮出工作陽台	❺ 公私分開　清楚的私密動線	❻ 衛浴　三套衛浴設備
❼ 更衣室　以屏風將主臥與更衣空間區隔	❽ 多機能　女兒房多一間更衣室	❾ 視聽機房　門口衛浴區多設一間書房兼機房

　　同樣是二進式玄關及將私密空間分散在四周，公共空間在中央的配置，但重點在於客廳方位及餐廚空間設計不同，讓整個空間格局及動線有所改變。

　　但大膽將客廳轉向90°，把餐廳及客廳的隔間牆做為電視主牆，並將電視機與客廳柱子拉成一直線，以大理石營造出大器氛圍，也因此壁爐與客廳關係變得更為密切。而原本的餐廚空間對調，設計成半開放式空間與客廳串聯，並在三者之間採用玻璃拉門設計，一方面讓光影穿透，另一方面又保有隱私。為方便使用工作陽台，也將廚房及中島內縮，讓每個空間可以更靈活使用。

B 提案完工

因應客廳調整後，左側的私密空間不只加大，更有了一條專屬動線，再顧及原本衛浴位置太遠偏僻，調整為私密動線的衛浴集中並規劃為二間，餐廳動線上有一間公共衛浴的配置，讓客人使用更方便。

PROJECT 1

二進式玄關設計

從電梯出來的二進式玄關設計，裝飾的壽山石、國畫壁面及大理石地磚，突顯出這個大器又集善之家的氛圍。

PROJECT 2

三重功能的主牆面

大理石電視牆即是電路機能整合，也是場域界定，更是動線引導。

PROJECT 3
保留 60 年代的壁爐為空間中心

以壁爐為設計中心發想，選用防火磚文化石打造，兼顧安全及美觀，營造帶點鄉村風格的現代住宅，並以柱體切割客廳及辦公區域。

PROJECT 4
亮與霧面的建材對比

電視牆運用大理石精緻光滑與壁爐的文化石粗獷，以白色與紅色對比手法營造出大器空間的質感。

PROJECT 5
雙扇彈性拉門，串聯餐廚房與客廳

餐廳及廚房運用玻璃拉門設計，在必要時可以開闔，創造空間最大彈性。

PROJECT **6**
開放式餐廚房

餐廳與廚房採開放式設計，僅以中島界定，冰箱旁為整合的電器櫃，所有電路集中在此，並以夾紗玻璃拉門與客廳區隔。

PROJECT **7**
東方風味的泡茶區

泡茶區陳列了屋主收藏的珍貴茶壺，搭配實木桌椅更添人文風格。

PROJECT 8

各種風格的孩子房

因基地本身條件不錯,使得每個
空間都能擁有自然採光及通風。

PROJECT 9

孩子房以系統櫃 + 輕淺的顏色

雖然每間的臥室坪數不大,但
機能卻十分充足,包括書桌、
書架及衣櫃、床頭櫃等,都是
由系統櫃打造。

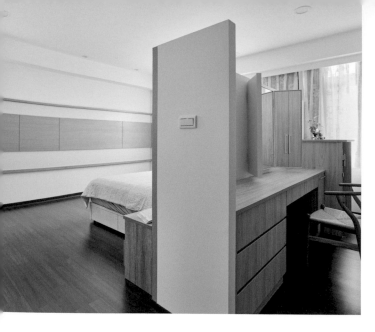

PROJECT 10
主臥室屏風擔任中界工作站

主臥運用屏風的概念將空間劃分出化妝更衣空區及睡區,不只滿足機能,也將比例過長的主臥重新界定。

PROJECT 11
以玻璃磚打造小窗給衛浴舒適感

公共衛浴的壁磚與客廳、臥房相呼應,加強整體美感;上方玻璃磚讓衛浴空間維持空間通透性且不死板。

雙廚房、雙陽台卻隔不出四房
公共領域過大造成的缺點

🏠 **Home Data** 屋型｜新成屋／電梯大樓 坪數｜40坪 格局｜3+1房2廳3衛雙廚房（輕食及熱炒

只拆一道牆、主客衛浴互換
華麗變身四房新古典機能宅

建材｜大理石、日本麗仕矽酸鈣板、F1板材、E0健康系統櫥櫃、線板、水晶燈、LED燈、ICI塗料、
壁布、玻璃、窗簾、壁紙、拋光石英磚、實木地板

Before 屋況及屋主困擾

 風水位：有穿堂煞、並要安排財位問題。

 房間不夠：想要多一間書房與房間

隱私不足：一進門即看到所有的門，特別是廁所門覺得有礙觀瞻。

 主臥室：床頭方向朝向衛浴，並想多一間更衣室

屋主為往返兩岸三地的台商，但由於孩子漸漸長大且能獨立上下學，想換一間較大的房子，提供家人更好的居住品質，因此在近郊購買這間新成屋，無論是往返機場或進市區辦事都方便。這間新成屋四周環境安靜純樸外，室內空間規劃十分寬敞，而且視野不錯，建商還配備輕食及熱炒雙廚房設計，十分符合女屋主的使用需求；但等實際過戶後，才發現格局規劃及風水都有問題。

如果先不考量屋主所遇到的生活困擾，整體的空間採光及通風不錯，所以建議在預算有限的情況下，新成屋應以保留建商贈送的廚具及衛浴設備為佳，並在少動空間配置的情況下，將格局及動線進行調整，例如清楚畫分公共動線及私密動線外，更在原本過大的客廳空間設計出一間兒童房及書房，以符合使用需求。運用設計手法化解風水問題，增加收納機能，打造一間新古典風格機能宅。

Before

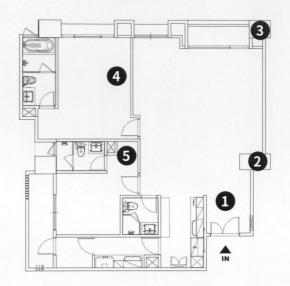

 現場問題

1 ─ 大門直對落地窗有穿堂煞問題

2 ─ 入門的公共空間有一根大柱子橫亙

3 ─ 公共空間過大,才 2 間房不符合
　　一家 4 口居住需求

4 ─ 所有私密空間的房門一覽無遺,對
　　視覺及風水不佳

5 ─ 畸零空間太多,不好規劃

**設計師策略
總整理**

1 種平面 ➜ 提出以不同電視牆方位的 2 種方案

A

Step 1. **房門轉向**
讓更衣室離門口有緩衝距離,進來動線順暢。

⬇

Step 2. **收齊結構作為主牆**
新建電視牆作為與孩房、書房共構,並收齊建築結構。

B

Step 1. **房門退後**
主臥室房門退後,與次臥共用動線變寬敞。

⬇

Step 2. **兩間衛浴屬性互換**
客浴、次臥浴室互換,使次臥室變成長形,畸零角落消失。

改善
方案 **A**

預算等級
★★★☆☆

缺 　走道過窄比又暗

缺 　女孩房一進門即見衛浴門

優 　運用屏風及廊道設計解決風水問題

優 　由原本 2 房增加至 4 房及更衣空間

主臥門轉向、衛浴屬性互換

減少房間畸零角落

❶ 玄關　櫃體及屏風修飾柱體，避開穿堂煞	❷ 餐廳　縮短廚具，讓餐廳有足夠面積	❸ 客廳　收齊落地窗，拉出主牆，併入孩房入口
❹ 次臥　讓出畸零區，並將小浴室包進來	❺ 主臥　改門向，與次臥形成共同動線	❻ 衣櫥　雙面櫃體錯開隔間，滿足各自收納需求

　　顧及屋主對居家風水有所要求，因此在格局及動線配置上，必先思考完善，再進行規劃。由於客廳過大，因此順著柱體切割出一間獨立的兒童房及書房。並依其牆面規劃電視主牆，界定客廳方位及空間。再利用一進門橫亙在客廳及玄關之間的柱體設計成玻璃屏風，成為玄關端景也避開穿堂煞問題，並運用從門口延伸的大型收納櫃體修飾掉原本厚實的柱體，在空間幻化為無形。

　　同時也運用這根柱體延伸的天花樑柱，串聯至公共衛浴間形成一條通往私密空間的動線，連結書房、主臥及另一間兒童房。運用拉門彈性區隔輕食廚房及餐廳，讓公共空間的視野較為開闊，也讓採光通風在空間裡流動。並因應女屋主需求，在主臥規劃更衣間與主臥衛浴串聯。

預算等級
★★★☆☆

優 改門向就增加至 3+1 房及更衣間

優 運用屏風及廊道設計解決風水問題

優 加大私密動線，使串聯每個走道變明亮

缺 收納量比 A 方案較少

用沙發背牆設計 1+1 房
退縮房門讓走道空間更寬廣

❶ 玄關　透光屏風向客廳推進，加設端景檯	❷ 客廳　沙發 180 換邊，背牆區隔男孩房及書房	❸ 男孩房　從書房進出，保留沙發背牆完整大氣
❹ 主臥　退縮主臥房門＋改門向，讓走道變寬敞	❺ 次臥　往左平移次臥房門，不再直視衛浴	❻ 牆加厚　主臥床頭與衛浴隔離加厚避水氣
❼ 餐廚　開放式餐廚設計		

　　B 方案最大不同在於將電視牆翻轉 180° 後，以沙發背牆做為兒童房及書房隔間後，並且進出動線由書房進出，形成「3+1」房的形式。如此一來就可以將通往私密空間的廊道變寬一點，調整原本主臥入口的長廊動線以及次臥女兒房原本一入門即見衛浴門的視覺尷尬。並將玄關屏風再客廳推進，加大玄關及餐廳界定範圍，讓一進門的視覺開闊。餐廳及輕食廚房採開放式設計，讓彼此關係更密切。

　　由於兩案的預算差異不大，因此在幾番考量之下，屋主選擇 B 方案為最後選擇，並且調整主臥設計 15 公分床頭，以跟衛浴做區隔，避免相互干擾。

B 提案完工

在將電視牆翻轉 180° 後，以沙發背牆做為兒童房及書房隔間後，並且由書房進出，形成 3+1 房的形式。其他則是使用 A 方案中的玻璃屏風界定玄關與客廳關係，並用玄關櫃修飾掉厚實柱體，開放式輕食廚房與餐廳串聯，主臥有獨立更衣室串聯衛浴等等。

PROJECT 1
玻璃屏風、拼花地坪打造延伸感

從進門，運用玻璃屏風解決穿堂煞問題，並重新界定出客餐廳空間場域及合理比例，解決公共區域過大而無當的狀況，漂亮的地坪拼花更讓玄關有延伸感。

PROJECT 2
以大理石平衡古典風格

整面座落的雪白大理石電視牆，搭配左右兩側對稱玻璃展示櫃，間接照明的天花設計劃分出空間場域，透過層層分明的線條感營造出大器古典氛圍，也帶出居家人文色彩。

PROJECT 3
以地坪材質劃分開放空間場域

同時運用不同地坪界定區分餐廳與玄關各自的領域，而考量屋主使用習慣，設計大面收納櫃體，從玄關延伸至餐廳，滿足屋主所需的收納量。

PROJECT 4
主牆以金色鏡面鑲邊，層次細緻

餐廚空間採開放式設計，讓空間顯得通透明亮，在擺放餐桌那面牆使用進口壁紙及茶鏡，吊掛水晶吊燈營造出視覺焦點，也利用鏡面反射放大了空間感。

PROJECT 5
將大樑修整在天花板內

運用天花修飾橫亙在走道上方的大樑，同時也成為私密動線的引導。大片拉門設計為書房的入口。

PROJECT 6
盡量使用通透性建材

從餐廳向客廳望去，再搭配玄關玻璃端景，營造通透明亮的視覺效果，並用造型天花及拼花地坪界定場域。

PROJECT **7**

書房＋兒童房 二連通設計

透過書房進入另一間兒童房，二進式的設計手法，保有私密空間的隱私外，同時也讓書房兼孩子遊戲間的使用更靈活。

PROJECT **8**

直線條設計柔化床邊櫥櫃

運用直線條營造次子房的童趣氛圍，並運用轉角層架設計，放置孩子自做的模型展示。

PROJECT **9**

以造型壁隔離床頭與浴室

顧及風水問題，除了衛浴透過更衣進出，避免水氣直對外，更將主臥床頭與衛浴牆隔離約 15 公分，讓彼此不會干擾。

PROJECT **10**

櫥櫃以錯落式安排增添趣味

另一間兒童房則以壁布床頭及藕色搭配出浪漫氛圍，並用系統櫥櫃規劃整的衣櫥收納及書桌、展示平檯。實木百葉可調整光線，變幻室內表情。

維持原有的三房兩廳
擁擠空間滿足收納、預算雙要求

🏠 Home Data　**屋型**｜新成屋　**坪數**｜21 坪　**格局**｜3 房 2 廳 1 廳 2 衛

一體成形系統櫥櫃、馬卡龍跳色
不改格局的小宅放大術

建材｜環保系統櫃、ICI 塗料、LED 燈具、茶玻、灰鏡、窗簾、木地板

Before 屋況及屋主困擾

苦惱 **寬度不足**：客廳狹窄，但又不想拆動格局。

苦惱 **無隱私**：一進門就看到所有房門。

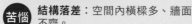

苦惱 **結構落差**：空間內橫樑多、牆面不齊。

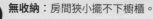

苦惱 **無收納**：房間狹小擺不下櫥櫃。

為了孩子的學區，從事資訊業的屋主將一家四口搬到這棟新成屋，希望打造成孩子優良的學習環境，然而才 20 多坪面積雖然規劃成 3 房 2 廳 2 衛，事實上每個空間都很擁擠，如果買現成的櫥櫃家具，根本擺不下。特別是客廳的寬度才 300 公分、樑下約 250 公分的高度，感覺十分壓迫。當然高樓層的室內除了餐廳無對外窗外，其他空間均有窗景，採光通風良好，屋主希望在不動格局的情況下，能營造出家的溫馨氛圍及大量收納機能，同時還要有陳列孩子畫畫的地方。

運用專業的系統櫥櫃及少許木作做整合，設計師就創造出三種機能安排方案，將空間特色發揮出來，例如：在臥房內，將書櫃、衣櫃與小孩床都搭配系統櫃，小小空間也能大大收納，同時，利用空白牆面掛上孩子們畫作與陳列立體美術作品的地方，希望將滿滿的成長記憶都保留。其次，透過色調統一及鏡面，讓小坪數發揮最大機能效應，便可以打造出屋主想要的「家」氛圍，也讓空間更為開闊！

 現場問題

1 — 客廳太過狹窄,且挑高不高,造成視覺上十分壓迫

2 — 公共區有兩支樑位在奇怪的地方

3 — 必須維持 3 房 2 廳格局,使每個空間十分擁擠

4 — 一進門即看透窗與各個房門,產生視覺尷尬

5 — 牆面有落差、又被 5 個房間門切短,不好使用

設計策略
總整理

1 種平面 ➔ 不動格局的 3 種機能配置方案

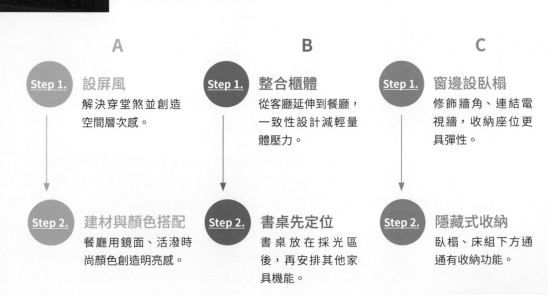

A

Step 1. 設屏風
解決穿堂煞並創造空間層次感。

Step 2. 建材與顏色搭配
餐廳用鏡面、活潑時尚顏色創造明亮感。

B

Step 1. 整合櫃體
從客廳延伸到餐廳,一致性設計減輕量體壓力。

Step 2. 書桌先定位
書桌放在採光區後,再安排其他家具機能。

C

Step 1. 窗邊設臥榻
修飾牆角、連結電視牆,收納座位更具彈性。

Step 2. 隱藏式收納
臥榻、床組下方通通有收納功能。

預算等級
★★☆☆☆

優 有屏風修飾進門的視覺

優 系統櫥櫃滿足床組、衣櫃及閱讀區

缺 公共空間容納人數及收納量有限

缺 鞋櫃在屏風後方，收納不便

大門設屏風與餐廳採鏡面主牆

營造視覺轉圜放大效果

❶ 玄關　屏風區隔外來視線	❷ 餐廳　鏡面主牆，放大空間感	❸ 男孩房　系統櫃組合出「上床鋪、下書桌及衣櫃」	❹ 主臥　床組、書桌閱讀及衣櫃收納機制都齊備

　　A方案最大的設計重點在於屏風的配置，以避開入門穿堂煞，其次就是依照屋主提出比較屬於傳統型的空間規劃概念，例如「3＋1＋1」的沙發組及對稱的電視櫃去妝點客廳機能需求。至於餐廳，則運用鏡面主牆反射空間感，讓這個無採光的空間增加通透明亮，並串聯各個空間動線主軸。

　　每個房間將所有機能設計在無採光的牆面，並運用系統櫥櫃將使用需求及收納機能結合，例如最小的男孩房，運用上為床鋪，下為書桌及衣櫃的概念整合，讓小空間使用機能最大化，至於主臥及女孩房在扣除睡眠區的床組後，也規劃閱讀區的書房及衣櫃收納，讓公共空間的收納機能分配至每個房間裡。

預算等級
★★★☆☆

缺 優 優 優 優
主 餐 將 將 一
臥 櫥 孩 電 進
動 櫃 童 視 門
線 使 房 櫃 視
　 餐 書 與 野
　 桌 桌 餐 串
　 變 對 櫥 聯
　 小 窗 櫃 客
　 ， ， 結 廳
　 會 避 合 及
　 壓 免 ， 餐
　 迫 壓 收 廳
　 至 迫 納
　 男 　 變
　 孩 　 多
　 房 　
　 及 　

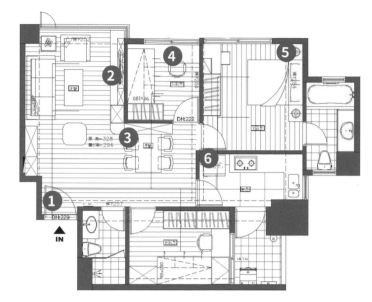

電視主牆及餐櫥櫃採 L 型結合
提升公共區域收納機能

❶ 玄關　沒有屏風區隔，公共空間視野更大	❷ 客廳　將電視櫃與餐櫥櫃結合，收納變多	❸ 櫃體　客餐廳轉角用圓弧修飾
❹ 閱讀區　所有房間的閱讀區域都面對窗戶	❺ 臥室　全套備有床組、書桌及衣櫃收納機制	

　　設計沒有玄關及屏風的 B 方案，讓鞋櫃與系統櫥櫃結合，成為走廊端景，電箱則用掛畫修飾掉。將電視櫃與餐櫥櫃結合成一 L 型櫃體，加大公共空間的收納機能，並顧及家人活動安全及一進門視覺不被面對直角而感覺太過尖銳，因此在客餐廳的轉折處，以圓弧形造形櫃體修飾。

　　至於兒童房，則依屋主需求，將閱讀區域依窗規劃，再來用系統櫃體整合出床組及衣櫃收納，滿足機能。不過也因為多了餐櫥櫃空間，多多少少會擠壓到動線的寬度，尤其是進出男童房及主臥室，只好餐桌縮小成方桌以符合需求。

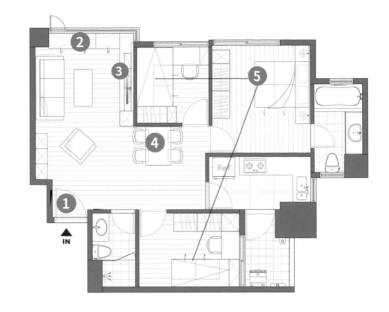

預算等級
★★★☆☆

優 少屏風，視野串聯客廳及餐廳，空間感放大

優 客廳臥鋪與電視櫃結合，收納、機能多

優 主牆鏡面反射加大空間感

增加窗邊臥鋪串聯電視主牆

收納、座位一次滿足

❶ 玄關　不設屏風區隔	❷ 客廳　地窗設計臥榻，使用更彈性	❸ 電視牆　串聯臥榻＋電視牆輕薄化
❹ 餐廳　運用彩色主牆及鏡面設計放大空間感	❺ 床組　床組下方設計抽屜，增加房間的收納	

　　保留原始餐廳空間，只在主牆上以色牆及對稱灰鏡打造，放大空間感外，中間還可以掛上孩子的畫作。如此一來，餐廳也不會顯得擁擠，也不容易壓迫到男孩房及主臥進出動線。

　　至於私密空間採用 B 方案將閱讀區臨窗邊外，利用系統櫃設計一路串聯衣櫃、床組及書桌的設計，並在轉角或下方設計收納抽屜或層板，大大節省使用空間，也增加一倍以上的收納機能。

最後取 A 方案的公共空間,搭配 B 方案的私密空間規劃,再做調整出最理想方案,例如:在客廳的落地窗邊設計可坐臥的臥榻,讓親朋好友來訪時有地方可以坐,也方便家人在此觀景聊天;而臥榻下方則設計抽屜收納,並串聯至電視平台及櫃體,並將電視機上方櫃體輕量化。

PROJECT 1
電視櫃延伸窗邊臥榻收納

空間小收納集中,將客廳電視機下櫃延伸至落地窗成為 L 型臥榻,可欣賞美景,加大客廳容客人數,而下方抽屜收納物品、角落擺放裝飾。主牆櫃體的缺口設計將視覺感輕盈化。

PROJECT 2
色牆跳色為空間帶來活潑感

為滿足屋主想要的溫馨氛圍,全室運用較沉穩的胡桃木色地板鋪陳,在客廳主牆及餐廳主牆上,各自用暖調的淺橙橘色搭配冷調的藍綠色,鋪陳如馬卡龍的時尚色調。在餐廳主牆上運用對稱的兩條灰鏡與藍綠色主牆形成冷調對比,同時透過鏡面反射,放大空間感。

PROJECT 3
利用吊掛畫作隱藏機櫃

玄關櫃與餐桌、主臥門及主臥衛浴同為空間的縱軸線,因此設計懸吊式玄關鞋櫃成為餐廳及走廊端景,底部刻意架高 3 公分高木板,做為擺放外出鞋子區。牆角隱藏嵌入掛畫線溝槽,可視情況放置孩子的作品。

PROJECT 4

床櫃桌一體成形，機能收納兼顧

女兒房利用系統櫃一體成形的設計，將收納及機能做足，尤其是書桌旁的開放式書櫃中，更隱藏一個可抽拉的化妝鏡，滿足女兒使用機能。

PROJECT 5

隱藏式化妝鏡增加機能性

由於每個房間都小，利用系統櫃一體成形將收納及機能做足，包括床組、書櫃、書桌、衣櫃等等，床下也有收納。

PROJECT 6

主臥強大收納衣櫃

想要維持公共空間的開闊視野，很多機能及收納必須移至私密空間處理，方形主臥室難以設計更衣空間，因此利用強大內部機能的衣櫃，將男女主人的物品好好收納。

現場解救

不規則玄關＋大門 45°角
空間零散、入門見爐灶

🏠 Home Data　屋型｜中古屋　坪數｜27 坪　格局｜3 房 2 廳 1 廚 2 衛

系統櫃修飾角度、隔間簡化
將空間使用率加大二倍

建材｜拋光石英磚、正新氣密窗、ICI 塗料、玻璃、茶鏡、F1 板材、F1 環保系統
　　　櫃、超耐磨木地、木紋水泥板、實木皮、窗簾、雕刻板、LED 燈、國堡門、
　　　大金空調、TOTO 衛浴設備、櫻花廚具

Before　屋況及屋主困擾

 不規則：大門斜 45 度角，一眼看到廚房、玄關不好用

 奇怪隔間：內部隔間不理想，造成零碎空間多

 壁癌：房子老舊、又有壁癌

 畸零角落：空間有很多建築造成的缺角，不好用。

誰都想買方正隔局的房子，但有時在大部分條件都不錯的情況下，面對不規則格局，也只能想辦法克服。就像本案位在內湖舊社區大樓，學區好、生活機能便利，每個房間都有窗戶，雖然入口不正，又僅是「2+1」房，屋主還是希望能改為 3 房。

入口玄關到客廳之間，因建築基地的切割問題而呈現不規則的梯形，讓空間怎麼規劃都顯得零亂，光放鞋櫃就阻礙原本的採光，且 45° 角的入口視線很容易看見廚房，還有臨西邊的窗邊及牆面有嚴重的壁癌。

顧及現實的裝修預算，在少動格局思考下提出二個解決方案：一個是不動牆面，僅透過玄關櫃及電視櫃的整合，拉齊所有空間，變成方正格局便於使用，並運用家電規劃避開入門見廚房的視覺尷尬。另一個設計方案則是玄關櫃朝廚房方向做 L 型延伸，並將原本的客房及廚房對調，更改通往後陽台的進出口，解決入門見廚房問題，雖然預算高了些，空間使用會更寬敞舒適。

 現場問題

1 — 入口處的不規則地基,使用機能難以規劃

2 — 沒有完整的電視牆面,規劃十分零亂且阻礙採光

3 — 客房的架高區有難用的地板下收納,以及三個階梯浪費附近空間

4 — 主臥有床頭樑柱問題,且窗邊牆面的壁癌

5 — 大門的視線會對到廚房

6 — 有許多突出窗或畸零空間不好利用

**設計策略
總整理**

1 種平面 → 提出更改與不更改格局的 2 種方案

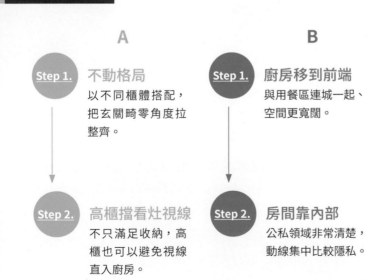

A

Step 1. 不動格局
以不同櫃體搭配,把玄關畸零角度拉整齊。

Step 2. 高櫃擋看灶視線
不只滿足收納,高櫃也可以避免視線直入廚房。

B

Step 1. 廚房移到前端
與用餐區連城一起、空間更寬闊。

Step 2. 房間靠內部
公私領域非常清楚,動線集中比較隱私。

改善
方案

A

預算等級
★★☆☆☆

優 僅用系統櫥櫃收整畸零角落

優 只改廚房動線，避開入口即見爐火問題

缺 增加鞋櫃及餐櫃，卻隔斷客餐的採光

缺 女孩房獨立在公共區域，隱密性不足

缺 主臥床頭對窗感覺太亮

不更動格局，拉長櫃體調整

改變不良玄關、廚房及客房

❶ 玄關　用穿鞋椅及衣帽間修改不規則格局	❷ 客餐廳　用鞋櫃及餐廚櫃區隔，增加收納機能	❸ 廚房　更改進出動線，避免大門直視廚房
❹ 女兒房　去除原本客房架高地	❺ 衛浴　全做乾溼分離	❻ 主臥　調整主臥床頭位置避免壓樑

　　A方案是以屋主的需求為規劃藍本，因此運用穿鞋椅及衣帽間，結合電視櫃體修正了玄關不規則的格局。並且修改廚房進出動線，以鞋櫃及餐廚櫃避開原本大門45°角看到廚房的視覺尷尬。

　　而原本架高木地板的客房因天花板高度不高顯得有些壓迫，下方的收納空間使用上也不方便，所以在設計上將此房間拆除後規劃為獨立的女孩房，使空間由原本的「2+1」房改為屋主希望的3房，且使用面積跟男孩房一樣，以示公平性。為解決壁癌問題，室內與外牆牆面都重新施作防水工程，並在主臥窗邊設計一書房空間結合衣櫃做收納區域，並調整主臥床頭面對窗戶避開壓樑問題。

預算等級
★★★★☆

缺 優 優 優 優
預 公 取 系 對
算 私 消 統 調
增 領 無 收 女
加 域 用 納 孩
 各 的 櫃 房
 自 三 整 及
 清 階 合 廚
 楚 梯 牆 房
 ， 的 邊 ，
 動 面 畸 避
 線 積 零 開
 集 給 格 45°
 中 後 局 角
  陽 及 入
  台 樑 門
   柱

將女孩房及廚房對調
使用空間變更大，親子關係更親密

❶ 玄關　運用穿鞋椅及衣帽間修改玄關的不規則格局	❷ 廚房　180° 與客房對調位置，完全解決 45° 角大門問題	❸ 廊道　利用廚房走出的廊道設計櫥櫃
❹ 後陽台　後陽台門口改向 90°，加大空間	❺ 衛浴　全做乾溼分離	❻ 主臥　用系統收納櫃整合的主牆將樑柱隱藏
❼ 室內牆　重新施作防水工程，並修正畸零空間		

　　小動格局的 B 方案，主要針對位在中間位置的廚房與女孩房對調的可能性，發現更動後，所有有關 45° 角入門所遇到的問題馬上解決。同時因應廚房的更動，使得後陽台的使用空間變大了，方便女主人使用。廚房門口的廊道正好可以與玄關串聯，將收納機能全部整合在此，又不影響原本窗戶的設置，讓採光及通風都可以在空間流通。

透過 B 方案的統整，設計上注重將空間感加大與線條簡化，因為將公私領域畫分得十分清楚，尤其是開放式的公共空間，讓空間視野更為開闊，以餐廳為空間動線的樞軸核心，也讓家人關係更新緊密。

PROJECT 1

運用系統櫥櫃整合不規則玄關

原本的玄關入門處是不規則的形狀，但透過系統櫥櫃的整合，例如一進門右側的穿衣鏡、衣帽間整合電視櫃，入門左側則是穿鞋椅加上鞋櫃與餐櫥櫃串聯，不但將原本畸零空間拉平整外，也不影響採光及通風。跳色的整面電視主牆，除了讓客廳活動區注入了溫馨活潑的氛圍，也將玄關與客廳作明顯的區分。

PROJECT 2

玄關落地鏡反射放大空間感

玄關的落地茶鏡除了當穿衣鏡功能外，亦有放大空間格局及巧妙的將玄關窗戶光線帶入室內的巧思，並透過鏡面反射讓空間多了趣味感。

PROJECT 3

以餐廳為空間動線樞軸，採全開放設計

顧及屋主想要的親密親子關係，因此打破傳統客廳為一進門的視覺主角慣例，改以餐廳設置在玄關端景處，不但修正入門 45˚角的視覺焦點，更成為公私領域匯集的中點，更是一家人時常團聚話家常的情感交流場域。

PROJECT 4

將廚房與女孩房對調，拉門採雷射雕亥

原本 2+1 的架高客房因天花板高度不高顯得有些服迫。設計上將此房間拆除後規劃為廚房，原本廚房勢成女孩房，滿足屋主希望的 3 房。在拉門門片上近用玻璃及雷射雕刻板呈現，為空間帶來優雅的線係美感，同時也保留了原本廚房的功能與加大後陽台3間。

PROJECT **5**

床頭設壁櫃隱藏樑柱

系統收納櫃整合的主牆將樑柱隱藏起來,避開了原本樑壓床的問題,而且整個牆面抓平,床頭的跳色營造了些許浪漫氣氛,也與客廳電視主牆相呼應。

PROJECT **6**

施作防水工程 + 木紋水泥板

原本主臥空間,窗邊牆面的壁癌也讓屋主很頭痛。設計上除了室內與外牆牆面都重新施作防水工程,窗邊的木紋水泥板除了造型也有防潮功能,讓屋主免除壁癌的煩惱。

PROJECT **7**

活潑色彩為兒童房增添活力

調整過後的兩間兒童房空間坪數一樣,雖然整個空間不大,但運用系統櫥櫃的規劃收納與機能具備。尤其是男孩房的藍及女孩房的粉紅主牆色彩,更為空間加分。

現場解救

從 50 坪擠進 20 坪的大挑戰
不實際的狹小三房難使用

🏠 **Home Data** 　**屋型**│新成屋／電梯大樓　**坪數**│24 坪　**格局**│2+1 房 2 廳 1 廚 2 衛

不動格局、用斷捨離統整空間
鏡面、長方桌協助放大空間感

建材│日本矽酸鈣板、F1 板材、KD 木皮、超耐磨木地板、噴漆、ICI 塗料、玻璃
明鏡、大金空調、LED 燈具、造型吊燈、進口壁紙、茶鏡、系統櫥櫃

Before　屋況及屋主困擾

房間小：雖有三房，但太過狹小且收納機能不足

琴室願望：屋主平時需要練習古箏

漏財：開放式廚房，開門見灶，有漏財風水的疑慮

展示藝品：需要大量展示櫃擺放收藏品

人生有很多階段，有時必須再整理，讓之後的人生旅程更順暢！由於孩子都長大並出國求學，因此屋主由原本 50 坪搬入 20 坪的 2 房空間，一方面方便清掃及管理，另一方面也能照顧居住在附近的長輩。雖然已斷捨離很多東西，但對屋主仍有不少珍貴的收藏，都是人生美好回憶的紀錄，特別是出國旅行時所採買的骨瓷杯盤、知名藝術家的畫作，都讓她愛不釋手。

因多半一個人居住，只需孩子回家時能有空間暫住，設計師建議改為「2＋1」房，其中「＋1房」則做成架高木地板的琴室空間，底下還可以增加收納機能，且透過玻璃彈性拉門設計，也讓陽光得以進入室內，使公共空間更加明亮。 由於空間小，除了必要的隔間牆外，場域的界定是運用天花設計及架高木地板來做視覺上的區隔，以虛擬方式定義客廳與餐廳、餐廳與客房、主臥的化妝區與寢室區等，同時也為小空間帶來動線、光影及視覺層次的變化。

Before

 現場問題

1 — 原始 3 房令每個空間狹小侷促

2 — 客廳牆面短小、兩側又有房間房 和廚房門，找不到主牆面定

3 — 畸零及突窗很多，難以規劃

4 — 私密空間採光好，但公共場域採 光面比較小

5 — 一見即視爐火，風水、視覺感均 不佳

設計策略 總整理

1 種平面 → 提出餐廳不同配置的 2 種方案思考

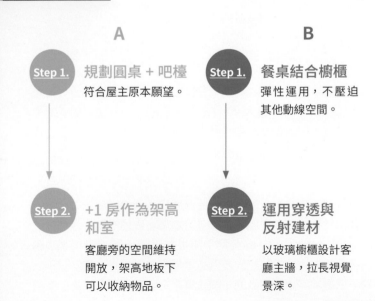

A

Step 1. 規劃圓桌 + 吧檯
符合屋主原本願望。

↓

Step 2. +1 房作為架高 和室
客廳旁的空間維持 開放，架高地板下 可以收納物品。

B

Step 1. 餐桌結合櫥櫃
彈性運用，不壓迫 其他動線空間。

↓

Step 2. 運用穿透與 反射建材
以玻璃櫥櫃設計客 廳主牆，拉長視覺 景深。

改善
方案
A

預算等級
★★★☆☆

缺　優　優
圓桌、吧台壓迫房間、衛浴的動線　架高地板＋沿牆面整合收納機能充足　２＋１房及開放式設計，採光通風良好

規劃吧台與餐具櫃
避開進門見灶的視覺尷尬

❶ 玄關　牆面設計鞋櫃及收納櫃體	❷ +1房　架高區是書房兼琴室，下設有收納	❸ 餐廳　圓桌餐廳意象團圓
❹ 廚房　入口加設吧台，以擋視線	❺ 客廳　結合玻璃櫥櫃的電視主牆，延伸景深	

　　由於坪數小，在規劃了架高彈性書房兼琴室後，並運用主臥與客廳牆面設計電視櫥櫃後，可以變化的格局就有限。A方案，主要是依屋主的要求，規劃圓形桌象徵團圓的意象、並在廚房入口處規劃一吧台，以遮避一進門即見爐灶的視覺尷尬。

　　客餐廳採開放式設計，也避免遮到自然光源進入室內。在收納機能方面，大量運用櫃體與牆面整合，讓視覺統一，收納於無形，像是利用一進門玄關串聯客廳的大牆面設計收納櫥櫃外，再來是利用餐廳主牆的餐櫥櫃及架高地板下的收納機能，在展示機能方面，則運用玻璃櫥窗設計，展示屋主收藏骨磁杯盤。另外，在個別的臥室內，則規劃大量的收納櫥櫃，滿足機能。

改善
方案
B

優 2＋1 房及開放式設計

優 架高地板＋沿牆面整合收納機能

優 可延伸長桌使餐廳使用更靈活

優 預算較省

彈性長桌設計、反射性建材
保持空間寬敞與動線暢通

❶ 玄關　牆面設計鞋櫃及收納櫃體	❷ ＋1 房　架高木地板的書房兼琴室	❸ 餐廳　可以延伸的長桌，平時不占空間
❹ 廚房　維持開放式設計，冰箱放在餐廳與客廳之間擋住視線	❺ 客廳　核心牆面以 M 型大木框收整房門、電視牆、廚房入口	❻ 浴室　改噴砂玻璃拉門

　　B 方案主要在於餐廚空間的調整，特別是餐廳建議挑選可活動加長的餐桌，以便有客人來訪時能靈活應用，在開放式廚房因冰箱的遮蔽，修飾一進門見爐灶的視覺問題，所以不建議再設置吧台，以免顯得動線壓迫。顧及屋主對隱私的要求，因此將主臥衛浴的透明玻璃拉門改為半穿透式的噴砂玻璃。

　　面對坪數有限的空間，除了減少不必要隔屏設計外，更利用反射材質放大空間感，例如電視主牆、主臥床頭及男孩房衣櫥腰帶等。另外，盡量挑選或設計可彈性使用的家具，讓空間使用機能更靈活。

在預算差異不大的情況下,面對坪數有限的空間,除了減少不必要隔屏設計外,更利用反射材質放大空間感,例如電視主牆、主臥床頭及男孩房衣廚腰帶等。另外,盡量挑選或設計可彈性使用的家具,例如可拉長的餐桌、架高木地板兼收納等等,讓空間使用機能更靈活。

PROJECT 2
天花板造型收整電路並界定場域

透過天花設計及架高地板界定公共空間的各個場域,一入門到餐廳都是較低的高度,到客廳則採上升,使視覺因高度差異而產生「變高」的感覺。

PROJECT 1
櫥櫃量體也可以利用把手變化視覺

一進玄關運用牆面設計整面櫃體,滿足屋主的收納機能,並利用溝隙把手設計,將櫃體立面線條簡潔,也統一了視覺。

PROJECT 3
用反射性建材與櫥櫃、樑柱共構

將電視櫃改至與主臥牆面共構，並設計大量櫃體及反射材質放大空間感，一方面修飾樑柱問題，另一方面滿足收納機能。採用彈性多元家具與架高地板輔助，延伸更多空間感。

PROJECT 5
彈性空間結合收納

架高木地板的彈性空間，除了下方可以收納外，更是屋主最愛的書房以及練習古箏的琴室，階梯的第一階做的特別寬，讓人感覺舒服。

PROJECT 4
以不同白色為空間基底

整個空間以白色為基地，大地色為輔助，增添溫潤氛圍，並搭配義大利 Natuzzi 沙發、茶几以及屋主喜歡的安迪·沃荷畫作，打造這間充滿人文藝術氣息的休閒居住空間。

PROJECT 6

床頭櫃將床往外推出樑下

主臥床頭有樑柱壓迫問題，因此運用造型天花及床頭收納櫃體設計，修飾掉樑柱。

PROJECT 7

立體凹凸的天花造型修飾壓樑

主臥的天花運用琴鍵意象，以一階一階方式修飾樑，並使空間有了變化。玻璃拉門後方為五星級的豪華衛浴設備。

PROJECT 8

以水平線盡量擴張空間視覺

運用色彩營造男孩房的氛圍，而衣櫃腰帶的鏡面反射有加大空間感。

現場解救

狹長型格局、採光差又陳舊
無法滿足一家四口全機能

🏠 **Home Data** 屋型｜中古屋／公寓　坪數｜26坪　格局｜3房2廳1廚1衛

只動小牆面、改變設備放置方向
格局完美變身時尚美屋

建材｜半拋光石英磚、木紋磚、日本矽酸鈣板、F1板材、文化石、馬塞克磚、超耐磨木地、
藝術雕刻板、環保系統櫃、KD木板、ICI塗料、噴漆、大金空調、TOTO衛浴設備、
櫻花廚具、正新氣密窗、窗簾、壁紙

 狹長屋：大門由陽台進來，只有前後採光

 無採光區段：餐廳無對外窗，廚房又位在中央

 收納：孩子們都已就業，收納要充足

 泡湯願望：浴室狹小難使用

屋主開餐廳 30 多年，基於地點、價格等考量買下在工作地點附近的房子，雖然只是中古屋，卻也是一件值得慶祝的事。這間超過 30 年以上的狹長公寓老屋，光線及通風都不好，再加上有嚴重的壁癌及漏水問題，且餐廳為無對外窗的暗房，廚房小又位在中央，每次做菜時，全屋容易彌漫著煙味，令身為專業廚師的屋主受不了。

從風格不統一、內部陳舊、房間數，全家都無法達到共識是常見的家庭裝修困擾，屋主是好爸爸，也十分尊重成年女兒想法，但希望在不大動格局下設計出滿意的家。首先將主要預算放在基礎工程，例如管線重拉或處理壁癌、漏水等，才能確保未來 20 年的居住安全及舒適，接下才來思考格局規劃問題。由於是長型屋，中間還有一個天井，因此格局並不十分方正，有不少畸零空間待解決。在歷經討論一步一步引導屋主家人需求達到共識，再提出二個客廳方位 180° 不同的方案，讓屋主全家從設計、材料、尺寸、施工圖及過程都能掌握！

Before

 現場問題

1 — 只有前後有採光，採光通風不佳

2 — 廚房及餐廳採開放式，料理時油煙容易瀰漫

3 — 衛浴過小、使用不便，為暗房不通風

4 — 壁癌及漏水嚴重極需解決，多處磁磚已剝落

5 — 大女兒房間過小，入口是斜的且收納量不足

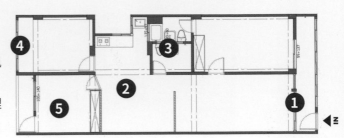

設計師策略總整理

1 種平面 ➜ 提出客廳不同、微調衛浴的 2 種方案

A	B
Step 1. **女兒房門換邊** 大女兒房間擴大，兩間女房間門改成相對。	**Step 1.** **客廳 180°換方向** 幾乎不動格局，但有比較隱私感。
Step 2. **客廳維持原位** 陽台當作內玄關設計，進到客廳感受順暢。	**Step 2.** **更動衛浴** 將天井區擴張，變成有光的淋浴區。

預算等級
★★★☆☆

缺　衛浴的採光通風仍不足

優　餐廳容納人數較多

優　大女兒獨立洗衣間，各自使用不影響

優　半開放式廚房用拉門防止油煙

優　僅動大女兒房及衛浴，格局更改最少

衛浴二合一、女兒房門換邊開

廚房變身 L 型大空間

❶ 前陽台　玄關末端設置全家人洗衣間	❷ 客廳　沙發面對大門入口，清楚進出家人及動線	❸ 衛浴　二間合併變大，與廚房間有間接光	❹ 餐廳　以拉門區隔廚房與餐廳，防止油煙亂竄
❺ 大女兒房　擁有獨立洗衣間	❻ 視聽機櫃　機櫃與屏風整合並界定空間	❼ 拆動房門　房門轉 90° 廚房變身 L 型	

　　長型屋的問題在於縱向很深，橫向卻不足，尤其客廳寬度不到 400 公分，十分狹窄，因此以壁掛式電視取代傳統的電視櫃，並拆除客餐廳的隔間，改以天花板造型與鏤空的半腰櫃屏風代替。反將客廳主牆以木作修飾，並將電機櫃配置在屏風旁半腰櫃整合，同時也修飾樑下空間，如此一來可增加公共區域的開闊感，在動線上也較為流暢。定位完客廳後，將餐廳往外移，便可加大大女兒房空間。

　　同時運用彈性玻璃拉門設計，將廚房的油煙鎖住，但又不影響從天井來的採光。原本兩間衛浴合併成一間，乾溼分離外，設置泡湯區、淋浴區等，使格局變得方正。而主臥則將床頭改為貼近客廳沙發背牆，避免壓樑問題。同時二女兒房改房門，運用系統櫥櫃將機能做足;，大女兒房加大後，將入口改至靠近餐廳處，因工作關係怕影響家人作息，獨立的後陽台工作區解決這問題。

預算等級
★★★☆☆

優　更動大女兒房及衛浴，有窗也有洗衣間

優　密閉式廚房，防止油煙

優　浴室檯面加大像五星級飯店

缺　衛浴餐廳的採光通風仍不足

客廳 180° 換位，沙發與大門同邊
加大女兒房、衛浴有對外窗

❶ 洗衣間　大女兒及公共的洗衣間，各自獨立	❷ 客廳　沙發背對大門入口，動線轉折較多	❸ 衛浴　二間合併為一間加大使用機能，鄰近天井更明亮
❹ 廚房　拉門密閉廚房，以防止油煙亂竄	❺ 改房門　兩間女兒房門改成相對	❻ 空間層次　運用屏風收納櫃界定客餐廳空間

　　B方案的規劃跟A方案差異不大，只是將客廳電視牆對調180°，變成沙發背對大門入口，必須加做一道隔屏遮擋沙發，讓動線必須轉折走一小段玄關陽台才進客廳。因應這樣的調整，為避免客廳電視牆的主機櫃體影響睡眠品質，因此主臥的床頭則改至另一側，衣櫃及化妝台統整在主臥進門區，形成L形搭配。

　　客餐廳之間用上半屏風下半是收納櫃體區隔，衛浴由2間拼成1間外，更將原本廚房的畸零空間拼入，設計成淋浴間，並有獨立對外窗，改善衛浴的通風及採光。廚房則改為密閉式空間。至於2間女兒房格局更動差異性不大，唯二女兒房間的床頭做調整，對應的家具配置也有所更動。

由於屋主喜歡第一眼看能到家人回家的感覺，再加上女屋主及女兒們喜歡半開放廚房及餐廳，因此選擇 A 方案。整排的電視機櫃在狹長空間反而不實用，因此將客廳主牆以木作及系統櫃作結合，並將機櫃配置在屏風旁整合，同時也修飾樑下空間，如此一來可增加整體公共區域的開闊感，在動線上也較為流暢。定位完客廳後，將餐廳外移，便可加大大女兒房空間，同時運用彈性玻璃拉門設計，將廚房的油煙鎖住，但又不影響從天井來的採光。

PROJECT 1
鋁門窗改為大片玻璃景觀窗，增加採光

拆除老舊的鋁窗換上大面的反射玻璃景觀窗，增加室內採光。地壁磚的選擇以較為沉穩的色系為主，並利用一字型前陽台的特性，規畫了一長吊櫃鞋櫃，充足的收納量滿足一家四口的需求。

PROJECT 2
木色及隱藏門片營造寬敞空間視覺

由於狹長型空間，再加上橫向不足，因此運用木色系及灰、白，營造出空間的現代簡約風格。整排的電視機櫃在這個空間反而不實用，因此將客廳主牆以木作及系統櫃作結合，並將機櫃配置在屏風旁，除了增加整體公共區域的開闊感，在動線上也較為流暢。

PROJECT **3**

白色窗櫺屏風作為空間分界

拆除客餐廳的隔間，天花板造型與鏤空的旋轉屏風代替，也修飾天花上方的大樑柱體。再加上屋主喜歡禪風，搭配中式窗櫺改良的白色線條屏風，一方面即不影響採光通風，也界定場域外，透過屏風的角度變化，為空間帶來不同光影表情及視覺效果。

PROJECT **4**

神明龕位與櫥櫃結合

屋主有拜神明的習俗，因此在餐廳櫥櫃上方處設計玻璃櫥窗放置神明主位，像是家中藝術品一般。

PROJECT **5**

文化石餐廳主牆營造氛圍

餐廳運用造型天花及文化石主牆，搭配實木餐桌椅，營造出女兒們想要的歐式餐廚的氛圍。造型吊燈及投射筒燈的搭配，強化原本採光不足的餐廳照明。

PROJECT **7**

一體延伸的機能與櫃體組合

大女兒房，以大地色系為主調，打造典雅柔美氛圍外，從床頭延伸的木平檯面一路串聯窗邊臥榻、書桌、電視平台等，為空間創造最大使用機能。

PROJECT **8**

飯店級衛浴空間

原本小而侷促的兩間主客浴，索性打通規劃成一間設備完善的飯店級衛浴空間，除了乾溼分離外，更有泡澡區、淋浴間，並透過間接玻璃窗，從廚房的天井窗間接引光入室。

現場解救

僅有兩面採光的方形基地
辦公室變身住宅的大挑戰

🏠 **Home Data**　**屋型**｜中古屋／電梯大樓　**坪數**｜65 坪　**格局**｜6 房 2 廳 3 衛 1 廚房 1 中島吧台

改變入口方向、以家族成員支援為隔間思考
採光、通風煥然一新

建材｜拋光石英磚、大理石、日本麗仕矽酸鈣板、F1 板材、E0 健康系統櫥櫃、線板、
水晶燈、LED 燈、ICI 塗料、壁布、玻璃、窗簾、壁紙、實木地板、寶石牆

Before 屋況及屋主困擾

 採光不佳：入口在房子中段，客廳區離採光遠。

衛浴不夠：只有一套衛浴，不夠全家族來小住使用

 動線重建：需規劃麻將間、大廚房、餐廳，還要避免產生走道。

 娛樂區：給孩子的遊戲空間、談心吧台、健身區。

這是一個大家族在台北奮鬥的故事，原本所有人居住在同棟樓生活，但第三代年輕的屋主要結婚時，原本的屋子已不夠居住，因此屋主的父親便買下附近的單層辦公空間，改裝成新房使用。不過，要把商辦改為住宅空間，無論是隔間或水電都明顯不符使用。

不只整體格局及動線必須重新規劃，且水電等硬體設備要先鋪陳完善，以便於日後居住更便利。在空間規劃方面，受限於大門入口動線安排，因此將公共場域安排在中央，將客、餐廳及廚房採開放式設計，然後將私密空間規劃在窗邊連四間。

年輕屋主雖然希望營造出明快且大器的現代風格，但顧及自己的奶奶、父母及妹妹會臨時過來居住或是聚會、打麻將，也依奶奶要求，放置圓形餐桌象徵圓滿的意象，再規劃未來孩子遊戲房，以及屋主的個人工作室，是需求條件很多的個案。

Before

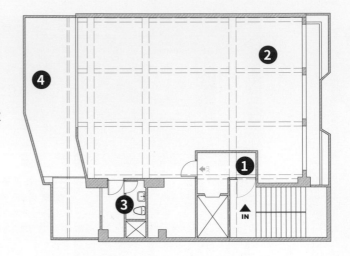

 現場問題

1 — 梯間動線奇怪
2 — 商辦隔間不符合居住需求
3 — 只有一套衛浴不符使用
4 — 沒有廚房

設計師策略
總整理

1 種平面 ➜ 左、右 2 種不同進入室內的動線方案

A

Step 1. 客廳依據入口定位

客廳落在左半邊，後方足以安排大收納櫥櫃。

Step 2. 中段全採開放設計

讓前後採光支援中段公共區域，維持良好通風

B

Step 1. 入口改從右側進入

客廳靠近右半邊，麻將間、兒童遊戲室都能互相支援。

Step 2. 櫥櫃擔任隱私任務

把櫥櫃分成兩座，剛好做為遮擋浴室與工作室的入口

改善方案 **A**

預算等級
★★★★☆

優　客廳串聯餐廳及廚房，採光通風佳

優　麻將兼起居間，未來空間切割彈性大

優　公私動線串聯直接

缺　四房大小一致，像是住宿舍

缺　沒有兒童遊戲區

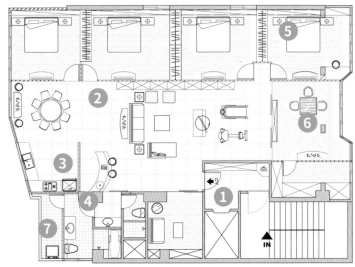

電梯出來向左走，直視公共場域

四房均等分配，符合需求

❶ 玄關　向左的入口玄關規劃	❷ 客廳　位居中段，後面為大量櫥櫃	❸ 廚房　用吧台屏風避免直視爐灶	❹ 衛浴　以原始衛浴與管道間為範圍，變出 2 套
❺ 房間　規劃四間大小一樣的房間	❻ 麻將間　用玻璃拉門規劃麻將區，保持採光	❼ 洗衣　增設工作陽台區，由衛浴進出	

由於一層一戶，從電梯出來便是玄關，A方案是依照原本從電梯進入商辦的動線規劃，因此從玄關一進入室內則是寬敞的客廳及吧台，而吧台後方才是開放的餐廳及廚房，而開放式的客餐廳及廚房設計，令視野通透，且採光通風良好。而客廳的另一側則規劃屋主想要的健身空間，並運用玻璃拉門及木地板界定麻將間兼起居間，未來可以更改為孩子的遊戲間。

沙發背牆則規劃大量櫥櫃做收納外，更是串聯四個均等大小的房間入口，由於實際居住人口不多，因此規劃 2 套的衛浴設備，符合使用需求。而梯間旁的小空間，則規劃為屋主個人工作室兼起居間，必要時可以在此招待客人完成交易。

預算等級
★ ★ ★ ★ ★

優 客廳主牆更大器，商務區獨立不被干擾

優 麻將間與孩童遊戲間可獨立或支援

優 收納量比A方案較多

缺 預算較高

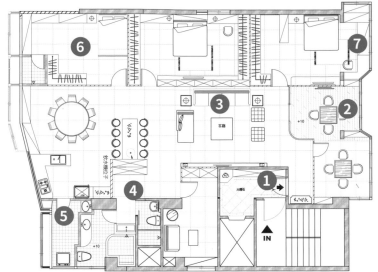

電梯出來向右走，轉折動線營造趣味
調整房間結構，形塑個人風格

❶ 玄關　從電梯出來改向右側進入室內	❷ 遊戲區　麻將間相臨兒童遊戲間，能相互支援	❸ 客廳　向右平移並拉長電視牆大氣寬敞	❹ 衛浴　以屏風修飾衛浴門口的視覺尷尬
❺ 陽台　改由廚房進出工作陽台，使用更便利	❻ 房間　依需求調整四間房間配比，更具特色	❼ 主臥　增設臥榻閱讀區，收藏屋主漫畫	

　　B方案的動線比較像是有變化的曲球，從電梯出來向右走，轉個彎再進入空間的視覺效果讓人產生期待。轉進至公共空間之前，會先看到以玻璃拉門設置的麻將間，旁邊為獨立的兒童遊戲間，彼此可以互相照應。運用寶石鋪陳的客廳電視主牆為玄關櫃體背面，營造大器感。整個公共場域一樣是開放式設計，包括屋主的健身設備場域及吧台區，並運用屏風進出2套衛浴空間的動線。吧台後方為開放式的餐廳及廚房，L型中島設置讓上菜時有轉圜空間。

　　沙發背牆規劃四間房，並依需求由右至左分別為主臥、孝親房、客房及兒童房，其中兒童房設置半身衛浴，方便未來使用，而主臥增設臥榻閱讀區，收藏屋主漫畫。隱身在電視主牆後方的屋主商務區更為獨立，不受環境影響。

B 提案完工

　　B方案的動線從電梯出來向右走，轉個彎再進入公共空間的視覺效果讓人產生期待感，不只滿足全家族可以來此相聚的需求，而且電視牆面變成大氣感十足，位在後方屋主的工作室，也比較有隱密性。

PROJECT 1

玄關當作藝廊設計

玄關運用大理石地坪，搭配牆上的寶石雕刻藝術品及鏡面反射，營造出低調奢華時尚風格。

PROJECT 2

開放式公共區域讓採光能多點進來

公共空間的穿透性隔間，讓採光得以延伸，開放式的設計也讓空間變更寬闊。

PROJECT **3**

吧檯身兼品酒與遮蔽雙重功能

吧台屏風遮蔽進出衛浴的視覺尷尬，同時透過局部造型天花加照明，營造出吧台專業品酒氛圍。而櫥櫃的鏡面反射，有放大空間感。

開放式的餐廚設計，並用中島吧台界定空間場域，而圓桌的要求有圓滿的意象及風水考量。

PROJECT **4**

娛樂室 + 兒童遊戲室

位在大門一進來的區域，即獨立又可彼此支援的兒童遊戲間及麻將間，透過玻璃拉門讓採光可以相互穿透。

PROJECT **6**

以臥榻連接梳妝台設計

主臥運用臥榻設計避開天花的壓迫感外，也為空間營造一處閱讀及休憩空間。臥榻形成的書架，陳列的是屋主珍藏的成套漫畫，伴隨他走過年少歲月。

PROJECT **7**

以梳妝台避開樑壓床的結構問題

運用淺粉色系營造孝親房的暖調，並運用環保系統櫥櫃增加收納機能外，化妝台與床頭的組合與造型天花相呼應，床位安排必須巧妙避過樑下。

PROJECT **8**

洗手台外移的浴室

改造後的浴室，如同休閒度假勝地，洗手台搬到外面，人多也好使用，裡面採光極好，浴池以馬賽克打造而成，泡在其中就是人生一大美事。

四房格局零碎、大門偏前段 1/3
造成電視主牆短、採光通風大困擾

🏠 **Home Data** 屋型｜中古屋／電梯大樓 坪數｜36坪 格局｜3房2廳1廚2衛

主牆左轉 90°、一房改拉門
老家變身綠意簡約質感宅

建材｜拋光石英磚、木紋磚、日本矽酸鈣板、F1板材、大理石、玻璃、茶鏡、實木皮、壁紙、環保系統櫥櫃、ICI塗料、馬賽克、KD超耐磨木地板、文化石、鐵件、大金空調、LED燈具、進口廚具、TOTO衛浴設備、窗簾

苦惱 **空間狹窄：** 雖有四房二廳、儲藏室、廚房，空間狹小難使用

苦惱 **無對外窗：** 浴室陰暗、潮濕

苦惱 **高度不足：** 客廳牆面太短，樑下只有 226 公分

苦惱 **房間暗：** 後段房間都偏陰暗，走道也一樣

這是一個橫樑很多、樑下高度還不到 226 公分的住宅，雖然面積不小，但受限於大門開口正好在客廳電視牆的居中處，一進門左側又有一根樑，使得客廳寬度不夠，讓人一進門感覺空間十分狹小，且採光不佳，加上四個房間與儲藏室，顯得壓迫感很大；更不用提這種有電梯的華廈，還有大門開在偏前段 1/3 處，造成電視牆很短的缺陷，廚房封閉、中間還夾著狹長的走道串連等問題。

由於屋主夫妻兩人長年旅居國外，在此居住人數並不多，決定將 4 房改為 3 房，並考量屋主所講究的生活品味，喜歡陽台及開放式的大廚房設計，所以將餐廳、廚房規劃成開放式設計。以及將主臥空間加大，除擁有獨立的更衣室外，更將主臥衛浴空間變大，滿足屋主要有雙臉盆及泡澡空間等需求，成為設計的重點之一，例如乾濕分離設計，並有獨立淋浴間及泡澡浴缸區，讓在家洗澡成為享受。

Before

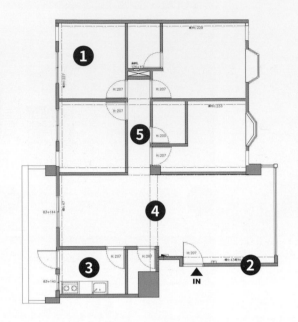

?　**現場問題**

1 — 36 坪卻有 4 房 2 廳 2 衛 1 儲藏，使得每個空間都太狹小

2 — 客廳電視主牆太小，動線及機能使用不便

3 — 密閉式廚房與餐廳互動少

4 — 樑下橫柱多且大，挑高僅 226 公分，壓迫感十足

5 — 過長走道，採光不佳

設計策略總整理

1 種平面➜ 規劃大動格局與微調格局 2 種方案

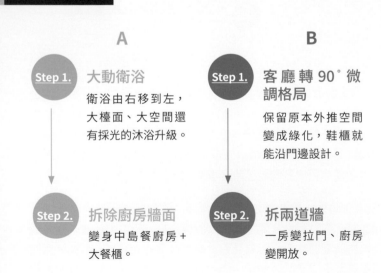

A

Step 1. **大動衛浴**
衛浴由右移到左，大檯面、大空間還有採光的沐浴升級。

Step 2. **拆除廚房牆面**
變身中島餐廚房 + 大餐櫃。

B

Step 1. **客廳轉 90˚微調格局**
保留原本外推空間變成綠化，鞋櫃就能沿門邊設計。

Step 2. **拆兩道牆**
一房變拉門、廚房變開放。

預算等級
★★★★★

缺	缺	優	優
預算較高	其中一間客房動線較轉折	浴室搬動，主臥採光通風及機能全解	門口大型衣帽間修飾畸零且滿足收納

廚房拆牆 + 兩間衛浴往左平移
換得縱向與橫向的動線寬敞明亮

❶ 動線 將入口大門與走廊規劃在同一軸線上	❷ 客餐廳 採開放式設計，改善通風採光	❸ 廚房 設計成開放式，以中島界定餐廚空間
❹ 玄關 入口畸零空間設計衣帽間阻擋視線	❺ 臥室 兩間房合併一間大主臥，減短廊道	❻ 衛浴 全部往左平移，讓右側房間內部方正

　　A方案是順著原始格局安排客廳，再盡可能地將貫穿空間的軸線，從大門至走道沿著天花大樑拉在一起，讓空間的縱向及橫向動線清楚。並且橫向的公共空間，則將所有隔間去除，客廳、餐廳及廚房均採開放式設計，讓視野通透，且光線可以從前後兩側進入室內，也讓原本採光不好的客廳及餐廳變得較為明亮，動線也變得更為寬敞。而大門入口處的畸零空間則規劃一間鞋櫃衣帽間兼儲藏室，滿足機能。

　　在拆除多餘的隔間，並調整空間比例後，所釋放出來的動線變得更為寬敞舒適。將原本4房改為3房，其中後端的主臥衛浴位移至窗邊，兼顧通風及採光，剩下面積合併成大主臥室，其他2間則設計為客房。

改善方案 B

預算等級
★★★☆☆

優 客廳轉向退讓出陽台，且客廳深度夠

優 開放式餐廚設計，通風採光動線全解

優 沿牆面整合櫃體，使用充足且更簡潔

缺 兩間衛浴均為暗室必須強制通風

缺 長廊道串聯私密空間必須補強照明

客廳轉向 90°、只拆兩道牆
帶來綠意、鞋櫃與中島開放式餐廚區

❶ **客廳** 電視牆轉向 90°保留室內陽台	❷ **玄關** 穿鞋椅及鞋櫃延伸至陽台	❸ **儲藏與機房** 利用入口大樑整合儲藏及電器櫃	❹ **廚房** 開放式餐廚設計，以中島界定空間
❺ **沙發後** 大量茶鏡處理牆面與樑柱，放大空間感	❻ **主臥** 兩間房併一間擁有更衣間的大主臥	❼ **書房** 變拉門，光線可以交互援引	

  B方案則運用退讓的方式，讓空間看起來更寬敞，機能更充裕。首先是一進門的玄關，利用一塊嵌入櫃體的木作椅延伸至陽台，並將原本電視主牆，以半開放式大理石隔屏改向 90°，格局改變後延伸出新的玄關收納與小陽台造景空間。打掉原本廚房的隔間，讓原本擁擠的廚房與餐廳成為一整體開放空間，從後陽台通風門與窗戶透入的光線，也讓原本採光不好的兩個區塊變得較為明亮，而圍繞著中島的動線更讓廚房機能更活躍。在餐廳及走道部分，則運用大量茶鏡處理牆面與樑柱，利用景象與光線的反射效果創造氛圍。主臥則將原本旁邊的小臥室隔間拆除後，將空間分配給客廳與主臥。

B 提案完工

屋主選擇 B 方案是看上有陽台及獨立書房的規劃，尤其是退縮陽台空間及主臥空間，把綠意及陽光迎進室內，不但家的視覺變更寬敞，也更有氛圍！除了客廳空間放大，主臥室也多了更衣室的規劃。另外二房則規劃為客房及書房使用。

PROJECT **1**
半開放客餐廳設計，採光通風視野佳

將客廳電視牆轉向 90° 後，整個公共空間運用低矮屏風及高低櫃界定空間，更讓視野得以彼此穿透，使空間更顯寬闊多變。

PROJECT **3**
室內綠意提升空間舒適感

以電視主牆隔出一小塊休憩區，將綠意帶入居家空間的小陽台，是男屋主的最愛。電視牆後方露出的綠意，隨著時間會因為盆栽生長產生不同的視覺效果。

PROJECT **2**
鏡面處理壁面及樑柱，放大空間感

餐廳與書房的隔間以大面切割鏡面處理，搭配客廳及餐廳之間的樑柱以茶鏡包覆，利用景象與光線的反射效果創造氛圍。

PROJECT **4**

拆除廚房牆，產生中島面積

運用白色廚具櫃體搭配綠意的馬賽克設計簡潔明亮的廚房，並用質感品味把手配件呈現出現代簡約的線條切割，而中島吧台的設計既區隔又連貫廚房與餐廳。

PROJECT **5**

開放式中島廚房設計，營造用餐明亮感

考慮屋主喜歡輕飲食的居住習慣，不會有太多油煙，因此拆除廚房的隔間，讓原本擁擠的廚房與餐廳成為一整體開放空間，並從後陽台通風門與窗戶引進光線，也讓這兩個場域變得較為明亮。

PROJECT **6**

彈性書房＋玻璃隔間，機能採光兼顧

書房以玻璃隔間規劃，並運用許多活動式設計，讓書房可以變化各種需求使用，更具彈性。

PROJECT **7**

主臥休憩區及更衣間規劃

將主臥旁的小臥室隔間拆除後,將空間分配給客廳與主臥。主臥室電視牆後方也多了更衣室的規劃,並以系統櫃配置大量的衣物收納空間。保留原本八角窗規劃成臥榻設計,成為女屋主最愛的閱讀休憩區。

PROJECT **9**

飯店級衛浴空間

主臥浴室將近臥室空間的三分之一,是此案設計重點之一,大理石洗手檯符合夫妻兩人長年旅居國外的生活習慣,也便於清潔,淋浴間乾濕分離設計兼具泡澡浴缸功能。

PROJECT **8**

半通透的主臥衛浴

由於主臥衛浴為暗房,考量其通通採光問題,因此將隔間以玻璃改為半開放式設計,讓光影可以進入,同時也能讓上了年紀的夫妻可以留意另一半洗澡時的情況。

現場解救

大量木作與造型壓迫
隱藏壁癌與室內病潛在原因

🏠 **Home Data**　**屋型**｜中古屋／電梯大樓　**坪數**｜45 坪　**格局**｜4 ＋ 1 房 2 廳 1 廚 2 衛

重建格局、調整衛浴機能與門口
釋放採光與通風，營造明亮的輕鬆生活

建材｜日本麗仕矽酸鈣板、F1 板材、E0 健康系統櫥櫃、立邦漆、LED 燈、彩繪玻璃、
壁紙、窗簾、正新氣密窗、國堡門、大金空調、TOTO 衛浴設備、櫻花廚具、
實木地板

Before 屋況及屋主困擾

 畸零空間：過多木作把空間切的七零八落

 室內昏暗：採光通風差，長者時常生病

 雙書房：希望維持四房格局，再安排一間書房

 浴室霉味：潮濕發霉對老人家非常危險

位在市中心且 30 多年屋齡的老房子，是屋主一家的起家厝，早期曾裝潢過，但過多的木作造成昏暗與空間壓迫，特別是修飾樑柱的奇怪天花造型，導致通風採光不良，讓屋主夫婦總是生病或發生呼吸道過敏的情況。

在整體檢視後，發現房子柱體少、牆面整齊、採光條件也很優秀，只是被過多木作裝修掩蓋，使得一進門右邊的廚房、餐廳位置十分尷尬外，兩間密閉的衛浴空間，機能不足、溼氣無法散去，容易造成居住上的危險，還加上嚴重的外牆龜裂、壁癌、管線不符合安規、電源不足等等，都是急欲解決的基礎工程問題。

因此主張去除所有不必要的裝潢，保留原本的格局結構體，利用小幅度改變將公私領域界定清楚，然後再依家中每個人的需求，把櫃體及機能做整合，而基礎工要先處理大電壓、去除壁癌及漏水、解決衛浴機能做好乾溼分離等問題，並利用歸納手法皆以系統櫃、綠建材、環保漆料為主，保持清爽又健康的好空氣品質。

Before

 現場問題

1— 玄關太短導致收納機能不足

2— 廚房太過封密又小不好使用

3— 過多木作裝飾使得空氣不流通採光不佳

4— 衛浴水電管線外露,且沒有乾溼分離十分危險

5— 房間內有許多奇怪天花設計十分壓迫

6— 4 個房間門對門,為易生口角的風水

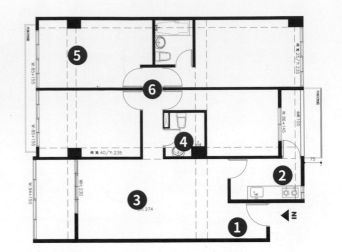

設計師策略總整理

1 種平面 → 以餐廳、衛浴不同配置的 2 個提案

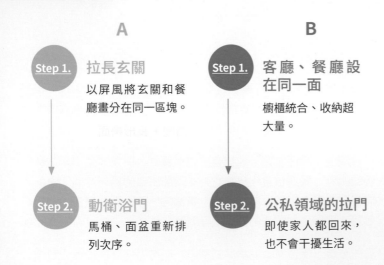

A

Step 1. 拉長玄關
以屏風將玄關和餐廳畫分在同一區塊。

↓

Step 2. 動衛浴門
馬桶、面盆重新排列次序。

B

Step 1. 客廳、餐廳設在同一面
櫥櫃統合、收納超大量。

↓

Step 2. 公私領域的拉門
即使家人都回來,也不會干擾生活。

改善方案

A

預算等級
★★★☆☆

缺 優 優 優
廚房餐廳收納量仍不足 衛浴安裝四合一設備，保持空間乾燥 公共空間開放式設計，採光通風良好 加大玄關滿足一進門收納機能

小動房間與衛浴門、客廳 180°換邊
加強對流與機能

❶ 玄關　屏風與餐廳收齊，拉長門口收納容量	❷ 廚房　冰箱與高櫃之間設計拉門	❸ 客廳　電視牆 180°換邊，沙發面向內走道
❹ 陽台　二扇落地玻璃拉門區隔出書房	❺ 房間　改房門，解決私動線會撞在一起的現象	❻ 浴室　改設拉門、馬桶平移，讓出空間裝設淋浴間＋長形檯面

　　A方案的重點在於維持之前的慣性空間配置做規劃，屋主適應起來比較快，重點放在強化每個區域的使用機能，例如沿著牆面將所有收納櫃體整併，並運用屏風，加大玄關區域，也讓公共空間視覺通透，卻不又影響採光通風，避開穿堂煞問題，同時運用拉門將廚房及餐廳規劃在一區，便於使用。將外推陽台的書房落地鋁門窗由四片改為二片，使光線更易進入室內。

　　客廳沙發面向走道，衛浴隱藏門設計，讓視覺統一。四間房間依其需求規劃櫥櫃收納，特別是窗邊設計矮櫃及書櫃，避免遮住自然採光，也因此將樑柱修齊，解決壓樑問題，釋放挑高天花，讓空間看起來更寬敞。

預算等級
★★★☆☆

缺　餐廳離廚房比較遠

優　公私場域之間以「拉門」區隔，可視情況獨立不干擾

優　電視櫃與玄關櫃、餐櫥櫃串聯收納加倍

優　玄關與廚房同一場域材質且好清理

客、餐廳對角安排，換出區隔私密拉門
連收納櫥櫃容量超一倍

❶ 餐廳　規劃在屏風後方	❷ 玄關　與廚房同一地材場域，便於使用清潔	❸ 客廳　主牆轉向 180°，串連、玄關櫃與餐櫥櫃
❹ 公私場域　有空間可以設拉門區隔	❺ 浴室　移面盆，讓浴室變寬敞	

　　客、餐廳對調後，公共空間更顯寬敞而舒適。而客廳沙發後面背牆則透過線條立體造型，消弭傳統牆面的刻板，同時也隱藏通往私密空間的開口，在必要時可將公私場域各自獨立，互不影響。同時，將玄關及廚房規劃在同一場域，以便未來好清理。而客廳轉向 180° 後，從入口的玄關鞋櫃一路串聯至餐廳的餐廚櫃及電視櫃，將機能統整在一個牆面上，不但收納增倍，也統一視覺。

　　而書房裡的書櫃與書桌結合，不但符合屋主要求的可兩人使用機能，更具多元性。整個空間不以既有的制式風格框限住，依屋主的態度、精神及性格，規劃出屬於獨一無二的無毒居住宅。

　　B 方案與 A 方案差異不大，只不過由於原始屋況的餐廳區域，動線十分奇怪，所有對外窗被裝潢包覆得密不風，所以將餐廳規劃在玄關屏風之後，並依著主牆立面安排櫃體，藉由實木餐桌的樸質，規劃出流暢動線及寧靜舒適的用餐意象。

PROJECT 1
櫃體統整在一個面上

開放式客餐廳中，將系統櫥櫃設計安排在同一牆面，讓收納櫃體整齊。客廳及陽台書房間改為兩扇大片落地玻璃，搭配紗簾，使自然採光能進入客廳，改變昏暗的印象。

PROJECT 2
彩繪玻璃屏風將走道妝點藝術感

透過玻璃彩繪屏風，玄關不暗，且懸吊式鞋櫃設計，不壓迫且滿足機能；鞋櫃中段做抽屜，鑰匙發票都有地方放。

PROJECT 3
分界公私領域的拉門

沙發背牆的線板拉門設計，是通往私密空間的入口，必要時關閉，讓公私場域彼此獨立不干擾。

PROJECT 4
挖空的區塊讓櫥櫃產生變化性
運用環保建材的系統櫥櫃設計餐櫥櫃及電視櫃體，並透過茶鏡及玻璃反射，放大空間視覺感。

PROJECT 5
直通無礙的動線
玄關旁即為廚房，並透過拉門設計，可阻礙油煙進入室內，且沿牆面的櫃體設計，滿足居家機能。

PROJECT 6
臥室改門向，室內更順暢
藕紫色的女兒房，增添浪漫風格外，依窗設計書桌及臥榻，成為最愛窩的場域。運用系統櫥櫃整合整個收納櫃體，讓空間機能更具彈性，也將樑柱幻化為無形。

PROJECT 7

改門向的衛浴更寬敞

將所有管線埋入牆內後,並加以規劃浴櫃及 SPA 淋浴間,在家也有五星級衛浴享受,乾溼分離保持浴室安全健康。

PROJECT 8
避開樑下的睡寢區
在小女兒房間運用床邊矮櫃設計，區隔出睡眠區及閱讀區。

PROJECT 9
雙人可用的書房
書房裡的書櫃與書桌結合，不但符合屋主要求的可供兩人使用機能，更具多元性。

國 家 圖 書 館 出 版 品 預 行 編 目 (CIP) 資 料

有厲害！格局改造工法 / 林良穗著 . -- 初版 . --
臺北市 : 風和文創 , 2020.05　面；　公分
ISBN 978-986-98775-2-7(平裝)

1. 室內設計 2. 工程圖學 3. 空間設計

441.52　　　　　　　109005697

有厲害！格局改造工法

作　　者　林良穗

封面設計　黃聖文、Yonvisual / YON
編輯協力　李寶怡
總 經 理　李亦榛
特　　助　鄭澤琪
編　　輯　張艾湘
出版公司　風和文創事業有限公司
公司地址　台北市中山區南京東路一段 86 號 9F-6
電　　話　02-25217328
傳　　真　02-25815212
電子信箱　sh240@sweethometw.com
台灣版 SH 美化家庭出版授權方公司

IESG

凌速姊妹（集團）有限公司
In Express-Sisters Group Limited

地址 香港九龍荔枝角長沙灣道 883 號
億利工業中心 3 樓 12-15 室
董事總經理 梁中本
電子信箱　cp.leung@iesg.com.hk
網　　址　www.iesg.com.hk

總 經 銷　聯合發行股份有限公司
地　　址　新北市新店區寶橋路 235 巷 6 弄 6 號 2 樓
電　　話　02-29178022
電　　話　02-82275017
製　　版　彩峰造藝印像股份有限公司
印　　刷　勁詠印刷股份有限公司
裝　　訂　明和裝訂股份有限公司

定　　價　新台幣 480 元
出版日期　2020 年 5 月初版一刷